Steven W. Blume

电力系统基础

Electric Power System Basics

For the Nonelectrical Professional

〔美〕史蒂芬 · W · 布鲁姆 著
余华兴 译

Electric Power System Basics For the Nonelectrical Professional/Steven W. Blume
ISBN:978-0470-129876

图书在版编目(CIP)数据

电力系统基础/(美)布鲁姆(Blume, W.B.)著;余华兴译.
—西安:西安交通大学出版社,2015.6
书名原文:Electric power system basics for the nonelectrical professional
ISBN 978-7-5605-7299-4

Ⅰ.①电… Ⅱ.①布… ②余… Ⅲ.①电力系统-基本知识 Ⅳ.①TM7

中国版本图书馆 CIP 数据核字(2015)第 092128 号

书　　名 电力系统基础
著　　者 (美)史蒂芬·W·布鲁姆
译　　者 余华兴
责任编辑 曹　昳　陈　昕
责任校对 李　文

出版发行 西安交通大学出版社
(西安市兴庆南路 10 号　邮政编码 710049)
网　　址 http://www.xjtupress.com
电　　话 (029)82668357　82667874(发行中心)
(029)82668315(总编办)
传　　真 (029)82668280
印　　刷 中煤地西安地图制印有限公司

开　　本 700mm×1000mm　1/16　**印张** 12.75　**字数** 227 千字
版次印次 2015 年 7 月第 1 版　2015 年 7 月第 1 次印刷
书　　号 ISBN 978-7-5605-7299-4/TM·105
定　　价 69.00 元

读者购书、书店添货、如发现印装质量问题,请与本社发行中心联系、调换。
订购热线:(029)82665248　(029)82665249
投稿热线:(029)82665380
读者信箱:banquan1809@126.com

前　言

关于此书

这本书旨在面向非电子专业的人员，使他们对规模比较庞大的电力电子系统有一个基本的理解，包括有关术语、电学概念、设计参考、建设实践、工业标准，以及正常和紧急情况下的控制室操作，还有维护、消费、通信和安全。所提供的一些实践性的例子、图片、电路图和说明将帮助读者获得对电力电子系统的基本了解。写这本书的目的是让非电力电子专业的读者对电力系统如何工作有一个逐步深入的了解，从电子产生到电线分布再到已连接应用的消费。

这本书从术语和用在工业领域的电气科学的基本概念开始，接着对电气电力的产生、传输和分布分别进行阐述。读者可以全方位地接触到互联电力系统的重要的方方面面。其他的话题涉及到能源管理、电气系统能量的转换和消费特征，以及控制管理方面，以帮助读者理解现代电力系统，便于更为高效地和经验丰富的工程师、设备制造商、区域人员、监管官员、议案提议者、政客、律师和其他工作在电力行业中的人交流。

章节小结

以下是每一章节的主要内容概览。我们认为知道何时何处了解具体内容，以及这本书的架构组织，将有助于读者更加容易理解素材及内容。所使用的语言反映了实际的工业术语。

第1章对于我们今天知道的电力系统提供了主要且宽广的历史讨论。接着提供了系统主要架构，并伴随着电子电力系统内主要分支的讨论。对基本定义和常识性的术语，如电压、电流、功率和能量也有所讨论。基础的概念，如直流电流和交流电流(dc和ac)、单相和三相产生、负载类型以及电力系统效率也都被提及，用来为更多高级的学习做铺垫。

第1章还展示了非常基本的电子学公式，这些公式也会偶尔出现在本书的其他位置。有意这样做是为了帮助解释有关电力电子系统的术语和基本概念。读者对数学公式不应太过恐慌或刻意关注，这些公式旨在描述和解释关系。

关于发电的基本概念在第2章出现。这些概念包括使电机和发电机工作的基本原理，伴随着不同种类的发电机的旋转转子的驱动原始动力，以及与电子电力产生有关的主要部件。这一章阐述的基本原理适用于整个电子电力系统的基础。贯穿整本书，本章阐述的电力学原理将贯彻于发展一个成熟的电子电力系统的整个环节中。

阐述完有关发电机的基本原理，接着会讨论在电力设备中用来旋转发电机轴干部分的不同的主要转子。有关主要转子的讨论包括使用蒸汽、水力发电和风力涡轮机。一些非转动的发电机源也在讨论之列，例如光伏系统。有关不同主要转子的基本环境问题也有所提及。

接着讨论了关于每一种电力设备的主要设计结构部件，例如锅炉、冷却塔、锅炉供给泵以及高低压系统。读者应该对电力设备的基础有个基本的了解，因为这些都关系到电子电力系统的产生。

第3章解释了使用超高电压电力线路相对于低电压电力线路的原因。并讨论了传输线的基本部件，例如导体、绝缘体、空气沟以及屏蔽等。直流电传输线和交流电传输线分别从地下和空中传输两种方式进行了比较。读者此时应该对传输线设计参数和使用高电压传输提高电力电子系统的效率有更好的理解。

第4章涵盖了在变电站使用的设备，变电站将非常高电压的电子电力能量转换成更多可使用的形式，用来分发和损耗。我们将会讨论这些设备（如转换器、断路开关、隔离开关、调节器等）本身和它们在系统保护、维护操作和系统控制操作中的关系。

第5章描述了主要配电系统，包括地上的和地下的，它们是如何被设计、操作以及用于住宅、商业和工业消费者的。我们将重点关注变电站和消费端（如服务接入设备）之间的配电系统。同时还将涉及到地上和地下传输线配置、电压标准和在配电系统中常用的设备仪器等。读者将对配电系统的设计和它如何对终端用户提供稳定可靠的电力有所了解。

关于分布在消费服务接入设备(如分布点)和实际负载(消费类设备)之间的设备将在第6章讨论。用来连接住宅、商业和工业负载的设备也包括在内。紧急发电机组和不间断电源供应系统(UPS)将会随着大电力消费端的发布、问题和解决方案一起展开讨论。

关于系统防护和个人防护(如安全)的区别将在第7章给予解释,这一章将专注于“系统防护”,即电子电力系统如何避免设备失效、雷击、疏忽操作和其他会导致系统干扰的因素。“个人防护”在第10章讨论。

稳定的服务取决于正确地设计和周期性地检测保护继电器系统。这些系统和它们的保护继电器用来解释传输线、变电站和输送线路。读者将学习到整个电子电力系统是如何自我保护的。

第8章首先从对北美三个主要电网的讨论开始,内容包括这些电网在地域上是如何分割、操作、控制和规划的。重点将解释各个独立的电力公司是如何连接以改善整体性能、可靠性、稳定性和整个电网的安全。其他讨论的内容包括发电/负载平衡、资源规划以及在正常和紧急条件下的操作条件。在本章的最后还会讨论减少电力中断的方法,例如轮流停电、节约用电、分区停电和其他服务可靠性问题。

第9章的主题是系统控制中心,它在日常的电力系统操作中是极其重要的。这一章解释了系统控制中心如何操作监视器,使用先进的计算机程序和电子通信系统控制位于变电站外面的电力线路和实际的负载地区的设备。这些工具确保电力系统操作人员经济地调度电力以满足负荷电力能量要求,并在正常和紧急维护情况下控制设备。本章还包括对SCADA(Supervisory Control and Data Acquisition,监视控制和数据采集)和EMS(Energy Management Systems,紧急管理系统)的解释和应用。

本章还讨论了不同功能和优点的多种类型的通信系统,使用这些系统将系统控制中心与远程终端连接起来。这些电信系统包括光纤、微波、电力线载波、无线电和铜线电力线路。提供高速防护继电器、客户服务呼叫中心和数字数据/语音/视频通信服务的方法也在此基础上加以讨论。

这本书在第10章总结，主要讨论电力安全：在电力系统及其周围的个人保护和安全工作流程。描述了个人保护设备，例如橡胶绝缘产品和有效接地的必要设备。同时讨论了常规安全操作流程和安全操作方法。理解“接地端电势上升”“接触电势”和“逐级电势”，对于在电力线路、变电站甚至家里的适当安全防护有重要作用。

请注意在大多数章节的一些部分中，对于详细论述的一些概念还提供了额外的细节和背景描述。这些部分被标以“选读”，读者也可以跳过而不影响对主要内容的理解。

史蒂芬·W·布鲁姆

卡尔斯巴德，加利福尼亚

2007年5月

致　谢

我谨以个人的名义向为我的事业的成功和这本书的成功出版做出贡献的人们表示感谢。致支持我超过40余年的妻子，谢谢你的指导、理解和鼓励，还有很多很多。谢谢 Michele Wynne，非常感激你的热情、组织能力和富有创造力的思想。谢谢 Bill Ackerman，你是一个追求专业技术和课件不断完善的达人，总是向我们呈现出你的职业性和负责任的一面。谢谢 John McDonald，非常感激你的鼓励、视野和认可。

S. W. B

目　录

第 1 章

系统概述、术语和基本概念

学习目标

√ 讨论电力的历史。

√ 呈现今天电子电力系统的基本面貌。

√ 讨论在电力工业领域中的通用术语和基本概念。

√ 解释电压、电流、功率和能量这些关键术语。

√ 讨论电力特性和术语关系。

√ 描述消耗负载的三种类型和它们的特点。

1.1 电力系统的历史

1706 年出生的本杰明·富兰克林因为发现了电而闻名于世。在 18 世纪 50 年代早期,他开始学习电学。他通过包括风筝实验的观察,明确了电的特性。他知道闪电十分强大也非常危险。1752 年著名的风筝实验,是在风筝顶部放置一个尖的金属杆,并在风筝线尾部放置一个金属钥匙,风筝线穿过钥匙系到一个莱顿瓶上(莱顿瓶包含两端导体,被中间的绝缘体分隔开)。富兰克林用一个干丝巾抓住风筝线,丝巾将雷电与人隔离开。他在雷电中放飞风筝。他注意到风筝的麻绳上有一些松散的线头全都直立了起来,彼此独立。(大麻纤维是一种多年生的美国植物,印第安人用它来制作麻绳。)他继续用手拉着钥匙,结果感觉到了微弱的电击。

在 1750 至 1850 年间,伏特、库伦、高斯、亨利、法拉第等其他科学家发现了电和磁的多项重大原理。人们发现电流动可以产生磁场，运动的磁场在电线上又可以产生电流。这些原理催生了很多新的发明，例如电池（1800 年）、发电机（1831 年）、电机（1831 年）、电报（1837 年）、电话（1876 年）等及其他有趣的发明。

1879 年，托马斯·爱迪生发明了高效的电灯泡，和我们现在使用的灯泡类似。1882 年，他将电子植物首次放置在古老的珍珠街上，并在纽约市里搭建了第一个由 1 万个电灯泡组成的直流电流分布系统。19 世纪 80 年代后期，供给电机的功率要求 24 小时服务，显著地提升了用于传输和其他工业应用的电力供应需求。到了 19 世纪 80 年代结束时，美国境内分布着少数集中的小电力变电站。每个变电站中心服务范围只有少量几个街区，因为传输直流电流的能力有限。在直流电流系统中，电压也无法增大或减小，急需一种可以远距离传输电能功率的系统。

为了解决更远距离传输电力的问题，乔治·威斯汀豪斯发明了一种叫做“变压器”的设备。变压器使得电能有效地传输更远的距离，电力发电站向很远的家庭和商业体提供电力成为可能。变电站的实施要求配电系统不使用直流电流，而使用交流电流。

1896 年尼亚加拉大瀑布的水力发电站开启了发电站远离负载消费地区的时代。尼亚加拉发电站向 20 英里以外的布法罗和纽约提供电力。有了尼亚加拉发电站，威斯汀豪斯更加明确了交流电流远距离传输电力的优越性。尼亚加拉也建立了第一个单一传输线向多个大规模消费终端传输电能的大型电力系统。

直到 20 世纪初，交流电流电力系统遍布整个美国。这些电力系统互相连接，形成了今天我们熟悉的美国和加拿大的三个主要电力网络。本章节以下部分将要讨论的，正是基于这段历史在当代电子电力系统里涉及到的基本术语。

1.2 系统概述

电子电力系统是一个实时传输的系统。实时是指开关开启，能量即刻产生、传输和供给。电子电力系统不像供水系统或是供气系统这样的存储系统，而是发电机根据需要发电。

图 1-1 展示了电子电力系统的基本组成部分。该系统从发电开始，发电厂产生电能，传输到电力站，转换成更适合高效远距离传输的高压电能。发电厂还将其他多种能量转化为电能，比如热能、机械能、水力、化学能、太阳能、风能、地热能、核能及产生电能的其他能量。在电子电力系统中，高压电力传输线能有效地将电能传输至很远距离的负载终端。最后，变电站将这些高压电能转换为低电压电能，用来在配电站电力传输线之间传输，便于电能传输到居民、商业及工业用电场所等终

端的传输配电系统。

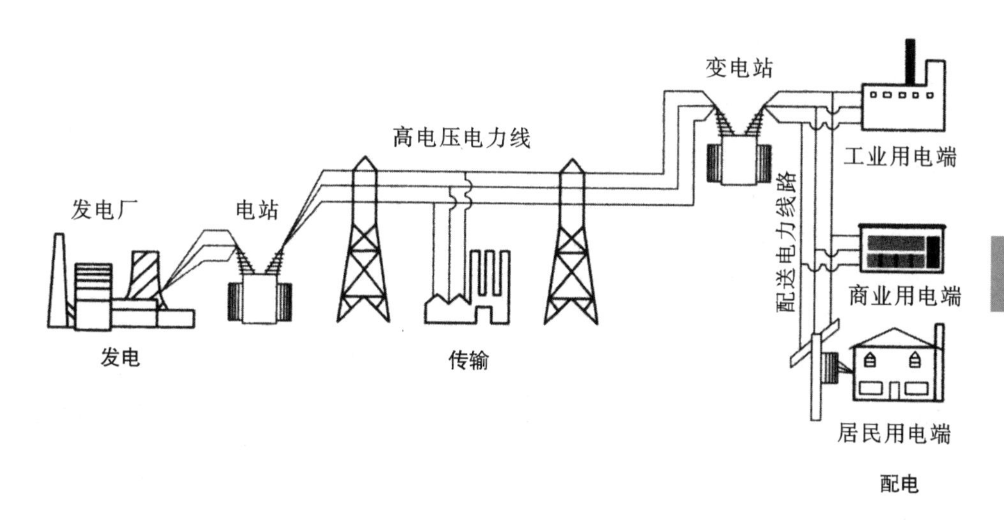

图 1-1　系统综述

实际使用的全功能电子电力系统比图 1-1 显示的组成结构复杂得多，不过这些基本的原理、概念、理论和术语都是一样的。我们先从基础开始，随着课程的深入逐渐添加复杂的内容。

1.3　术语和基本概念

我们先从对基本术语和概念的理解开始，这些术语常用于工业领域专业，专家们也用来描述和讨论由小至大的电力系统中的电力问题。请务必理解这些基本的术语和概念。它们将贯穿整本书，方便我们建立完整的电子电力系统知识。

1.3.1　电压

第一个需要理解的术语是电压。电压是电路中使一切运转的势能来源，也被称做电源电动势或 EMF。电源电动势（EMF）的基本测量单位是伏特。伏特这一名字是用来纪念发明了电池的意大利物理学家亚历山德罗·朱塞佩·安东尼奥·阿纳斯塔西奥·伏特（1745—1827）。电动势用“e”或“E”表示（一些参考书也用符号“v”或“V”表示）。

电压是电子电力系统的电势能量源。电压依赖电位或电势工作，是其激励和驱动力，常出现在两点之间。

通常电压是恒定的（如直流）或交变的。电子电力系统就是基于交流变化的电压应用，将电压从低压 120 V 的住宅系统变到超高 765000 V 的传输系统。在电子电力系统中有低压转换和高压转换，这些电压变换范围基本覆盖了发电、配电、负载的全过程。

在水力系统中，电压与将水推进管道的压力对应。这个压力即便在水不流动时也是存在的。

1.3.2 电流

电流是指在导体(如电线)中定向流动的电子。电子受电场力的作用影响，在电路或一段闭合的电路中定向流动。电子在导体中的流动方向总是指向电压负极。电流用安培作为测量单位，通常写做安(一安等于每秒在导体中流动 628×10^{16} 个电子)。在一段电路中的电子总量不会减少。由于导体的电阻特性(如摩擦力)，电子在导体中流动会产生热量。

电压总是驱动电流，所以当有一个完整的电路或闭合电路时，电压将会产生电流。电路中的阻抗将会减小电流并产生热量。此时电源中的电动势能量将被转化为电子流动的动能。这个动能接着被负载(如消耗设备)利用并转化为有用的功。

电流在导体中流动可以形象地类比为乒乓球在一个管子中顺序排列。参考图 1-2，管道一端的压力(电压)推着乒乓球在管子里运动。在电源端(电池)收集管子里的球，并将它们按照号码累加的顺序排列。管道里的每个球在管道里依次流动形成电流。电子朝某一方向定向流动形成电流。电流用符号“i”或“I”表示。

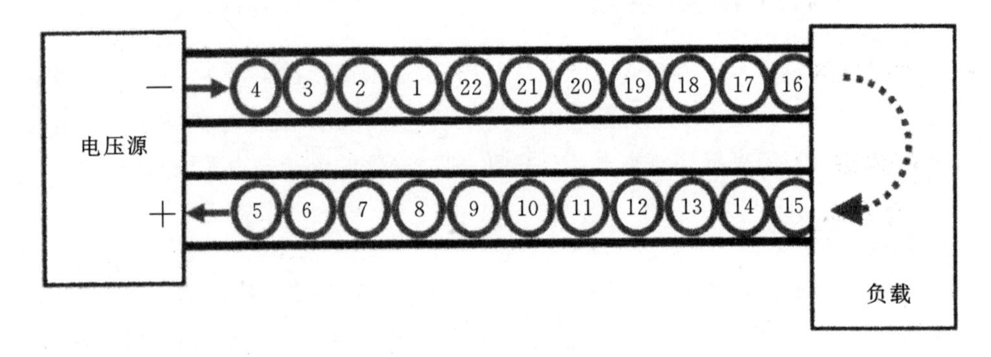

图 1-2 电流流动

1.3.2.1 空穴流和电子流

在电子离开原子向电源的正极运动时，电子流发生，并留下一个空穴。这些空穴可以理解为电流从电源的正极流向负极。所以，当电子流在电路里朝某一方向流动时，同一电路中的空穴朝与电子流相反的方向流动。电子流或空穴流的方向即为电流方向。在电路系统里，我们将“空穴流动”的方向定义为电流的标准方向。这样定义的原因是电池正负极的概念确立要远早于电子发现的时间。早期的实验简单地将电流的方向定义为从电池正极流向负极的方向，而并非真正知道电子实际流动的方向。

接下来我们具体讨论电线里电流流动的重要现象，即导体中电流流动产生磁场（见图 1－3）。这是一个和重力现象类似的物理现象。只需记住，在一根电线里，当电压驱动电子定向运动时，电线上会自动产生磁场。注意：图 1－3 为根据“右手法则”所示的空穴流方向，即默认的电流方向示意图。

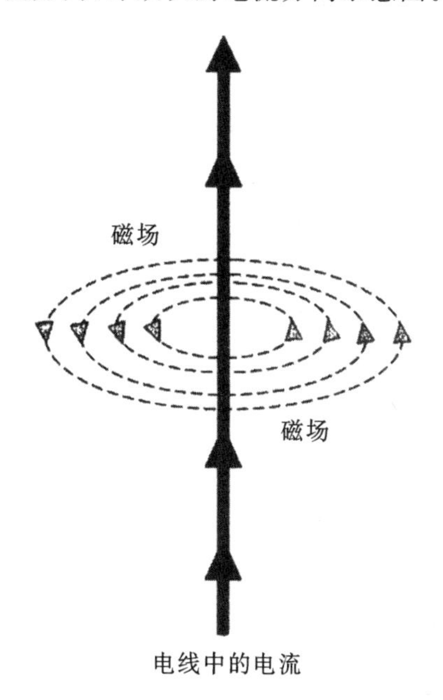

图 1－3　电流和磁场

1.3.3　功率

功率的基本测量单位是瓦特。瓦特以发明蒸汽机的科学家詹姆斯·瓦特（1736—1819）命名。电压本身不做功，电流本身也不做任何功，但是电压和电流共同作用却能产生实际的功。电压值乘以电流值等于功率，功率用来产生实际的功。

举例来说，电力可以用来创造热能、旋转马达、点亮灯泡等。功率等于电压和电流共同作用是指，如果电压或电流的值为零，那么功率值也会为零。例如，电压是墙上的插座，一个烤面包机插入插座里，没有电流产生，因此也就没有功率。直到打开了插座上的开关（电压），电线里才会产生电流。

1.3.4 能量

电能是电子功率和时间的乘积。负载用电(电流产生)的时间乘以负载产生的功率(瓦特)是能量。测量能量的单位是瓦特·小时。在电子电力系统中,对于居民用电领域,表征能量更为常用的单位是千瓦时(kWh,意为1000瓦特·小时),而对于大规模的工业用电和电力公司本身,单位是兆瓦时(MWh,意为1000000瓦特·小时)。

1.3.5 直流(dc)电压和电流

直流电流是指电子在电路中朝相同的方向流动。如图1-4所示,当电压值恒定时,就会产生直流电流(如一个方向的电流)。举例来说,一个电池当连通在一段电路里时,就会产生直流电流。电子从电池的负端出发,沿着电路朝电池的正端流动。

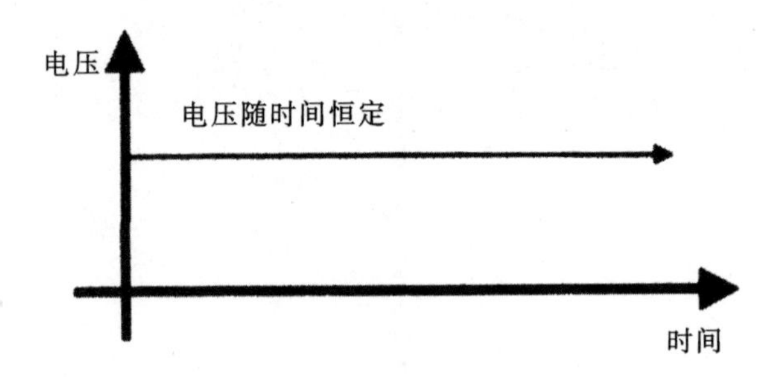

图1-4 直流电流(直流电压)

1.3.6 交流(ac)电压和电流

当电源(如电压)的正负极交替时,在这段电路里的电流流动方向也会在正极和负极之间转换。所以,交流电流产生在电压源交替变换时。

图1-5描述的是电压值从零变到正值的最大值,从该最大值减小到零并继续减小至负值,最后再次回到零的完整周期变化过程。在数学领域里,这描述的是一个正弦波。这个正弦波可以在一秒、一分钟、一个小时或一天之内重复很多次。我们把完成完整正弦波的变化过程所用的以秒为单位的时间定义为这个正弦波的周期。

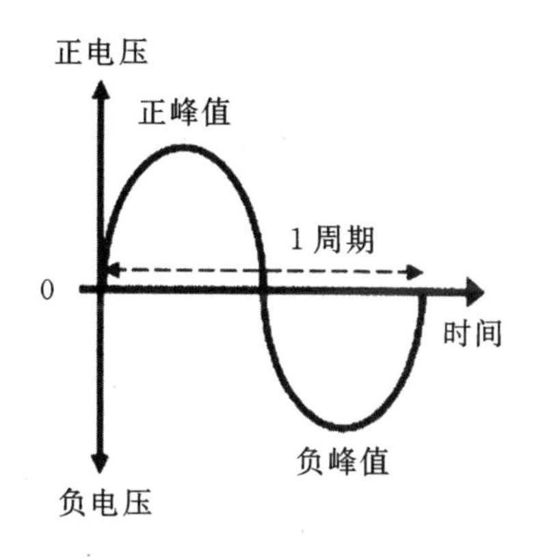

图 1-5　交流电流(交流电压)

1.3.7　频率

频率是用来描述一秒钟之内完整信号周期个数的术语。一秒钟内完整的信号周期的个数单位用赫兹表示,是用来纪念德国的物理学家海因里希·赫兹(1857—1894)。注意:直流电流(dc)是没有频率的。所以,频率是一个仅仅用来表征交流电路的术语。

美国的电子电力系统中,标准的频率是 60 周期/秒,或称为 60 Hz。欧洲国家则使用 50 Hz 作为他们的标准频率。美国和欧洲以外的国家使用 50 Hz 和/或 60 Hz。注意:美国曾使用过 25,50,60 Hz 系统,后来都被定义成了 60 Hz 标准频率。

1.3.8　比较交流直流电压和电源

电子负载,如灯泡、烤面包机和热水器,可以在交流电压电流或直流电压电流作用下工作。只是直流电源连续地在负载上产生热量,而交流电源在一个周期的正半部分增加或减少产生的热量,在同一周期的负半部分也增加或减少热量。在交流电路里,存在电压和电流实际为零的时刻,不产生额外的热量。

值得注意的是,等量的交流电压和电流在一个电子负载上会产生同直流电压电流相等的热量效应。这一等量的电压和电流被称为均方差值,或写为均方根值。在所有的电子电力系统中都是使用均方根值度量电压和电流的。

例如,墙上的插座标示的 120 V 交流电是实际的均方差值。理论上,我们可以把标有 120 V 交流电的烤面包机插到一个 120 V 直流电的电源上,它应该可以在相同的时间内烤出一样的面包。即交流电的均方差值和相同量值的直流电会产生一样的热能。

1.3.8.1 选读

附录 A 解释了均方根的导出过程。

1.3.9 三种类型的电子负载

连接在电力系统中的设备为电子负载。面包机、电冰箱、灭虫器等都是电子负载。根据电压电流时间上的“超前”和“滞后”关系，电子负载可以分为三类。

这三种负载类型分别是电阻式、电感式和电容式，每一种类型都有独特特性。理解这三种负载类型的区别有助于解释电力系统如何更为高效地工作。电力系统工程师、系统操作人员、维护人员和其他工作人员在充分理解这三种负载的基础上，不断发挥电力系统的效能。他们知道这些负载如何共同工作可以减少系统的损耗，支持更多的设备，以及最大程度地实现系统的稳定性。

接下来我们将分别总结这三种负载，包括标准的测量单位、符号和缩略语。

1.3.9.1 电阻式负载(见图 1-6)

一段电线(即导体)上的电阻使电子运动时产生摩擦力，从而在一定电压值的条件下减小电流的数值。这种电荷间的摩擦产生热和光。电阻的单位(测量)用欧姆表示。有电阻负载的电力功率的单位是瓦特。灯泡、烤面包机和电热水器都是电阻式负载。

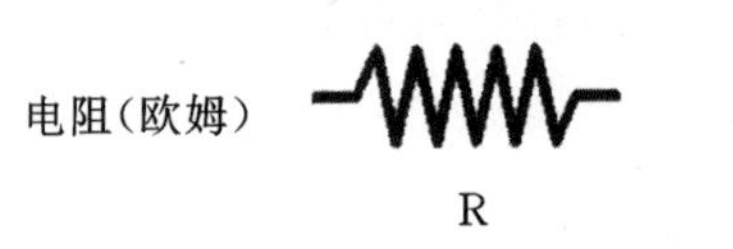

图 1-6　电阻式负载

1.3.9.2 电感式负载(见图 1-7)

电感式负载需要磁场才能工作。所有电线上带有线圈的电子负载会产生一个磁场，这种负载称为电感式负载。电感式负载应用于吹风机、电扇、搅拌机和真空

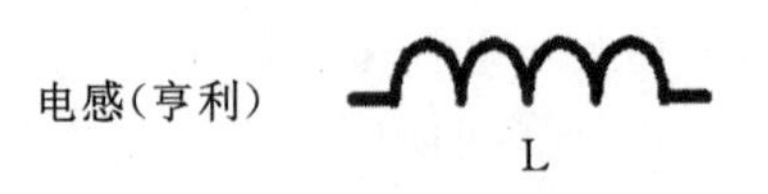

图 1-7　电感式负载

吸尘器等需要电机驱动的设备。实际上，所有的电机都是电感式负载。电感式负载与其他类型负载的一个重要的区别是，电感式负载里的电流“滞后”于负载的电压。因为电感式负载在上电后需要一些时间产生相应的磁场，所以电流会延迟于电压。电感的单位(测量)是亨利。

以电机为例，转轴上做功的负载是电力能源的真实功率(如瓦特)。除了实功率，电机上电之后还会产生被称为虚功率的牵引力，它也会在电机内产生磁场。所以这个电机产生的总功率即为实功率和虚功率的和。与虚功率有关的电机功率的单位称为正 VAR(VAR 是 volts-amps-reactive 无功电压安培的缩写)。

1.3.9.3　电容式负载(见图 1-8)

电容是一种两端是金属导体，中间用绝缘体也叫做电介质(如空气、纸、玻璃和其他非导体材料)的物质隔开的器件。当金属导体上有电压存在时，这些电介质材料开始充电。电容在导体上电压消失很久后还可以保持充电状态。容性负载可用于电视机的显像管、很长的延迟电线和电子设备中用到的一些部件。

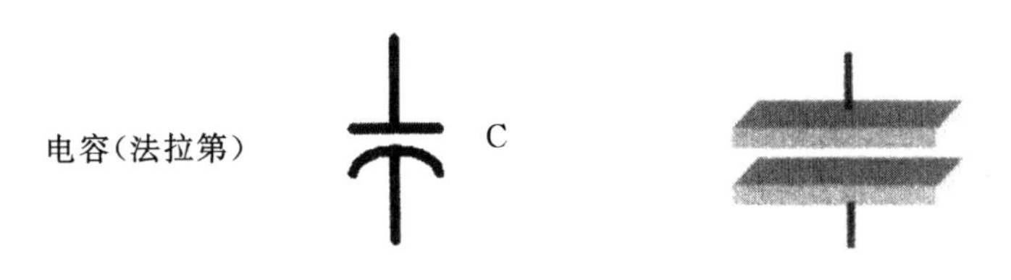

图 1-8　电容式负载

与电感式电阻相反，在电容中的电流要“超前”于电压，这是因为电介质材料需要时间才能从电流中充满电荷到满量程电压。电容的单位(测量)为法拉第。

与电感式电阻类似的是，电容上的功率也被称为虚功率，但和电感式负载的极性相反，即电感有正 VAR 而电容有负的 VAR。但要注意的是，电感的负 VAR 可以与电容的正 VAR 抵消掉，产生实际净值为零的虚功率。关于在电路里电容如何抵消掉电感和系统能效的改进，我们将在接下来的章节里讨论。

通常，人们一般不会像在商店里购买大量的电阻式负载和电感式负载那样购买很多电容式负载。因此，电力公司必须按照维持电容式负载的虚功率与电感式负载的虚功率基本平衡的原则，安装一些电容负载器件。

第 2 章 发 电

学习目标

√ 描述变化磁场中导体如何产生电压。
√ 解释变化磁场中电线的三个线圈产生三相电压的过程。
√ 描述电流通过电线时生成磁场的原因。
√ 讨论发电机转子如何生成磁场从而发电。
√ 列举发电机的三个主要组成部分。
√ 解释实时发电的含义。
√ 讨论如何对称连接三个发电机绕组,列举两种方法。
√ 讨论发电厂的种类(如蒸汽发电厂、核能发电厂、风能发电厂等)。
√ 描述发电厂的不同原动机类型。
√ 讨论机械能如何转化为电能。
√ 讨论其他能源如何转化为电能。
√ 描述不同发电站对环境的影响。

2.1 交流电压发电

下面介绍两种描述电能系统运转方式的物理定律(例如重力就是一种物理定律)。这两种物理定律分别描述通过变化的磁场产生电压,以及电流流过电线生成磁场两种方式,并覆盖电力系统中发电、输电、分配和消费的整个过程,从而保证电力系统的正常运行。学习物理定律能够帮助读者全面理解和评估电力系统。

2.1.1 物理定律 ♯1

法拉第定律描述了电力系统中交流电压的生成。它解释了电动机运转和发电机产生电的本质，是电力系统的基础。

法拉第定律确定了“变化的磁场中任何导体都可产生电压”。一开始或许很难把握这一定律的完整意思，然而，通过图表、照片和动画可以帮助我们更好地理解这一定律。

定律指出，将线圈放在运动或转动的磁场中，线圈将会产生电压。例如，发电机通过放置在旋转磁铁或转子旁的线圈产生电压，并通过电力系统分配。

现在投入使用的发电机都有固定在定子上的线圈，转子旋转时产生磁场，由此线圈产生电压。这是发电机的运行原理。负责发电机磁场部分的转子也被称做场。转子的强磁场通过定子线圈生成交流电压。在后面的章节，我们会继续讲解法拉第定律。

发电机输出电压变幅随着转子磁场的强度变化。可以通过降低转子磁场强度，降低发电机的输出电压。这种改变转子磁场的方式将会在物理定律 ♯2 中阐述。

2.1.2 单相交流电压发电

法拉第发现，将线圈或导体放在运动的磁场中会产生电压，如图 2－1 所示。图中转子速度影响正弦波的频率。此外，线圈数量增加，输出电压也随之增加。

2.1.3 三相交流电压发电

将三个线圈放入磁场中，将会产生三个电压。如果将三个线圈相隔 120°放入磁场中，将会产生三相交流电压，如图 2－2 所示。因此，三相发电也可被认为是相隔 120°放置的三个独立单相发电机。

2.2 三相交流发电机

电力系统中的发电机，无论大小，都由定子、转子和励磁机三个基本部分组成。

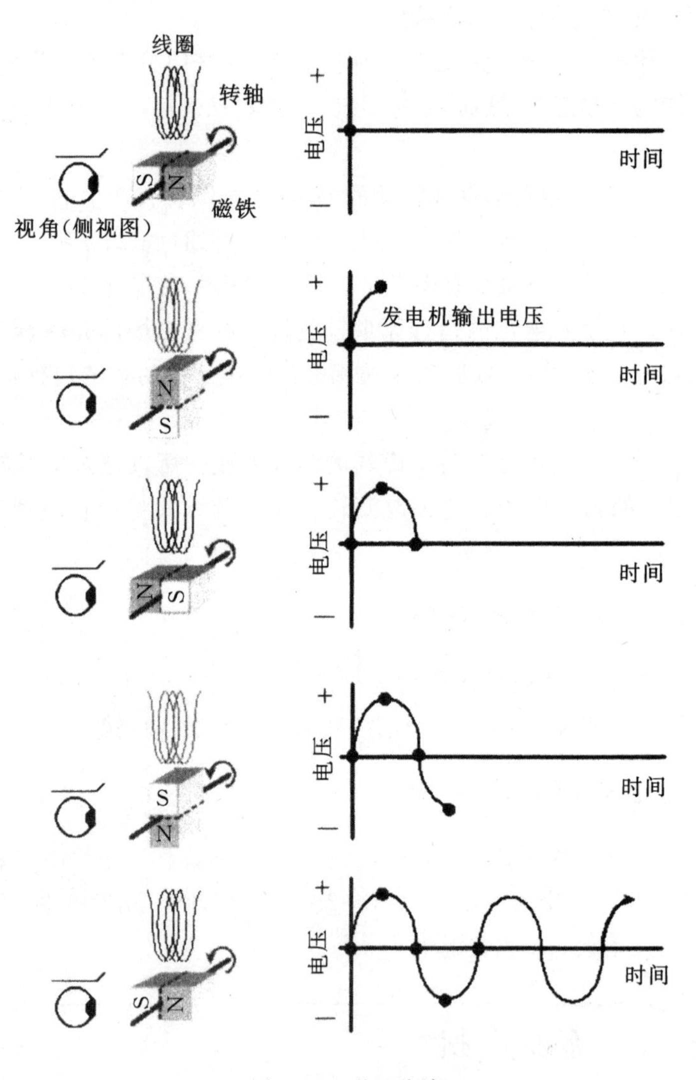

图 2-1 磁正弦波

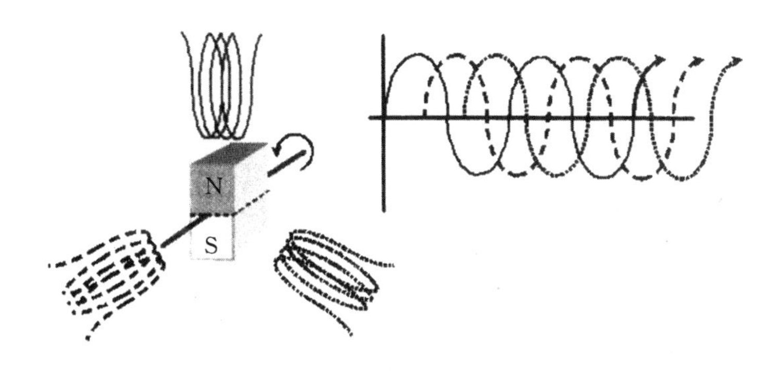

图 2-2　三相电压

2.2.1　定子

三相交流发电机的三个单相线圈所处发电机中的固定位置即定子。三个线圈被固定在磁场中相隔 120°的位置，图 2-3 为三相发电机的简单示意图。

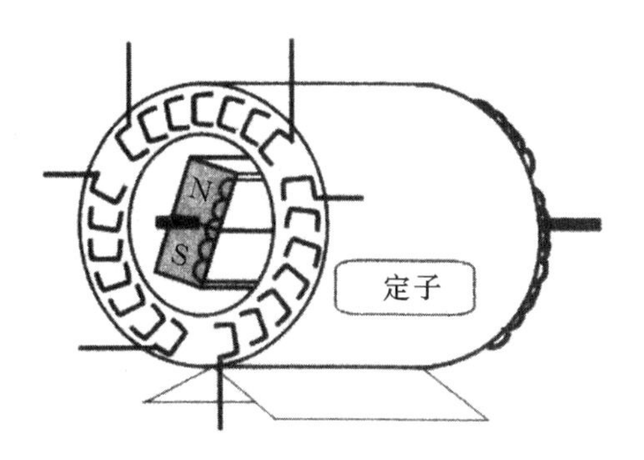

图 2-3　三相发电机——定子

2.2.2　转子

转子旋转时带动磁场，位于发电机的中心。转子是一个永久磁体或电磁体。大型发电厂的发电机的转子使用电磁体，保证磁场的多样性。转子磁场强度的多样性使发电控制系统可以根据负荷量和系统损耗调节输出电压。图 2-4 为电磁体示意图。

电磁体的操作参见物理定律＃2。

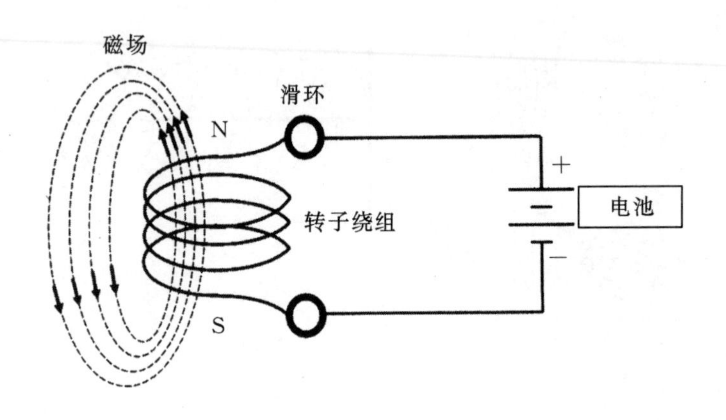

图 2－4　电磁体和滑环

2.2.2.1　安培和楞次定律(物理定律＃2)

电力系统的第二基础物理定律描述了电线中电流流动产生磁场的过程。安培和楞次定律确定了“电线中电流流动围绕电线产生磁场”，描述了磁场的产生和电线中电流的关系：电流通过电线时，电线周围产生磁场。

2.2.2.2　电磁体

线圈通电(如电池)后会产生磁场，具有磁极，如图 2－4 所示。增强电压或增加线圈绕数能增强磁场，同样，降低电压或减少线圈绕数会降低磁场。滑环是连接固定电池和转子的电触头，如图 2－4 和图 2－5 所示。

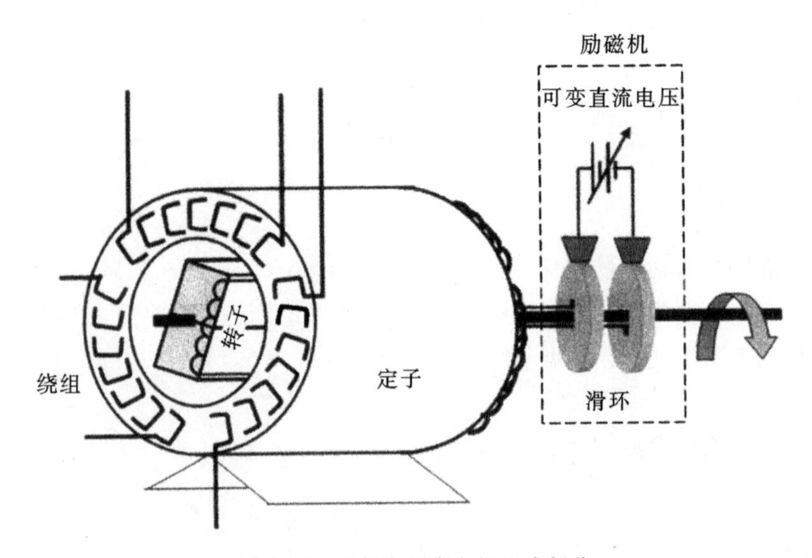

图 2－5　三相电压发电机组成部分

2.2.3 励磁机

励磁机是产生转子磁场的电压源。转子的线圈是场。图 2－5 描述了三相交流电压发电机的三个主要组成部分：定子、转子和励磁机。

多数发电机使用滑环固定励磁机电压电源和转子旋转线圈的电路，转子的电磁会生成南北极。

注意：增加发电机定子线圈负荷会降低转子转速，这是因为电流流过线圈时产生的定子磁场和转子磁场之间具有排斥力。降低发电机负荷则会提高转子转速。因此，原动机的旋转转子的机械能需要调整，以保证转子在不同负荷下的转速和频率。

2.2.3.1 转子磁极

增加转子磁极的数量，可以在降低转子转速的同时保持同样的电力输出频率。使用多级转子的发电机需要降低转子转速从而使运行正常。例如，水力发电站使用多级转子降低转速，因为发电机的原动力是密度较大的水，与重量轻的蒸汽相比较难控制。

转子极数和转轴转速的关系参见下列公式：

$$\text{每分钟转速}=\frac{7200}{\text{极数}}$$

图 2－6 描述了发电机多极转子的概念。电磁体能够产生磁极，具有多个线圈的转子可产生多个磁极。

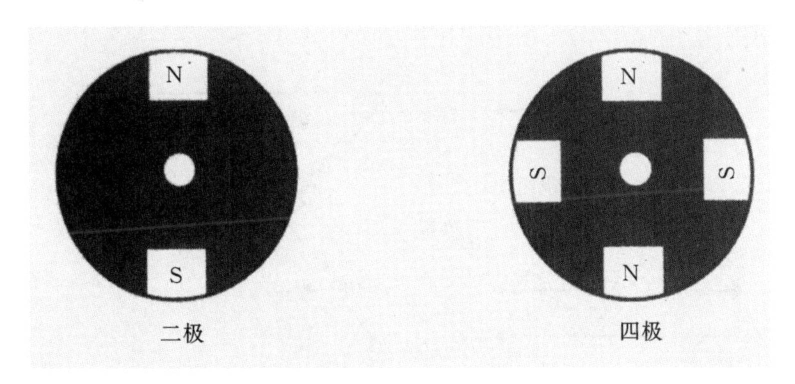

图 2－6　转子磁极

例 1：二极转子转速为 3600 rpm，功率为 60 Hz。

例 2：美国内华达州拉斯维加斯市的胡佛水坝的发电机使用 40 极转子。转子转速为 180 rpm，电频率为 60 圈/秒(或 60 Hz)。在这种速度下，肉眼可见转轴旋转。

2.3 实时发电

发电站实时产生电能。与供气、供水系统不同，电力系统不存储电能。例如，打开烤箱开关，烤箱通电后，相关的发电站立刻响应。当负荷增多，如烤箱、灯、冰箱等其他电器开始使用时，需要提高电力输出和原动机转轴动能，以平衡系统负荷需求。供水系统将水存储在高处的水箱中，以满足实时需求。而电力系统需要控制发电量，保持需求负荷的平衡。当水箱中水位下降，可以用水泵补充，水泵可以随时根据需求调节水量变化。发电则根据“需求”生产电能。注意：部分供电单元在电量需求较低时会停止运转，但发电站必须拥有足够多的发电单元保证高低电量需求。

尽管有电池等电能存储设备，但互联交流电系统产生的电能只能用于实时电力供应，而不能存储。

2.4 发电机连接方式

对称连接三个绕圈的六个引线(绕组的线端)的两种方式，分别是三角形连接和星形连接，如图 2-7 所示。发电机的内部定子线圈一般是采用其中一种方式连接。

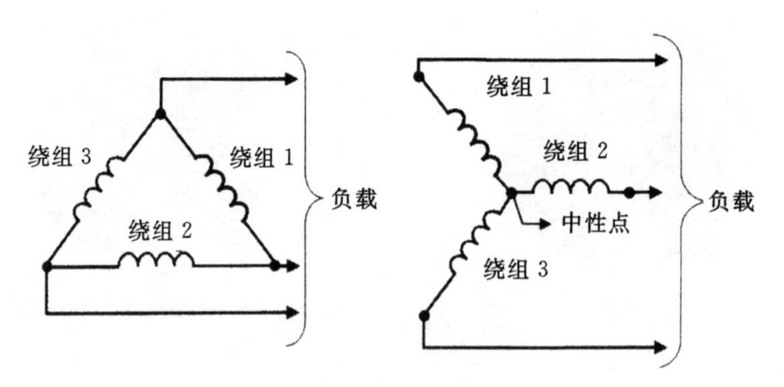

图 2-7 三角形连接和星形连接

发电机铭牌标注有定子连接方式。

2.4.1 三角形连接

如图2-7所示,三角形连接顺序连接三个线圈,相线与线圈连接处相连。

2.4.2 星形连接

星形连接将每个线圈的一个引线连接为一点,即中性点,其他三条相线连接到发动机外部。中性点通常连接到外壳接地线,保证基准电压和线路稳定。有关中性点接地的内容将在后文探讨。

2.5 定子的三角形连接和星形连接

发电厂发电机通常使用三角形连接或星形连接的一种。发电机相线连接到发电厂的升压变压器。升压变压器将发电机输出电压提高至输电电压水平,确保电能有效传输。升压变压器在本书后面讨论。变压器的三角形连接和星形连接如图2-8和图2-9所示。

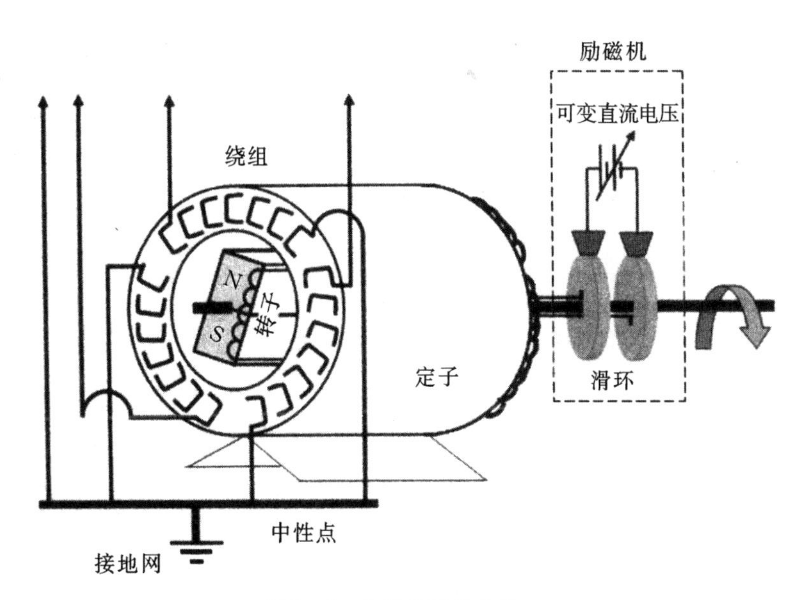

图2-8 星形连接发电机

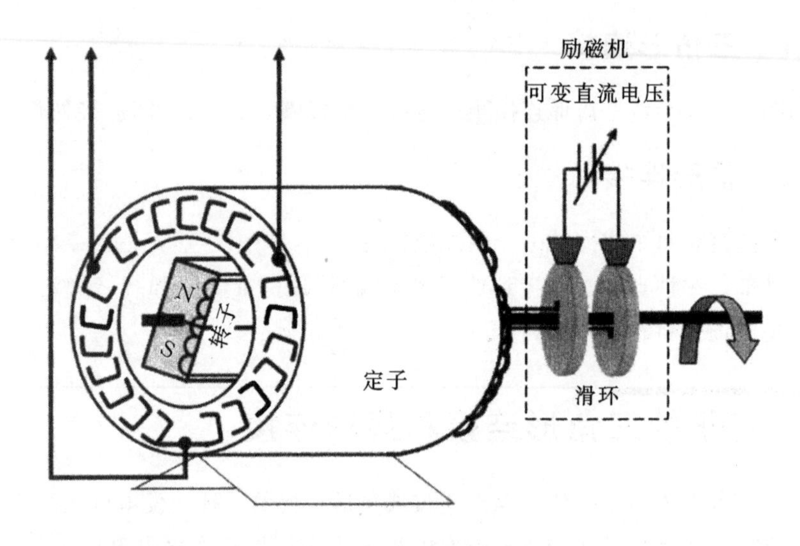

图 2-9 三角形连接发电机

2.6 发电站和原动机

发电站的电能通过传输线、变电所和配电线路，最终到达消费者。发电站包括三相发电机、原动机、能源、配电室和变电所。上文我们阐述了发电部分，接下来我们将探讨原动机和相关能源。

以机械方式使发电机转子运动的设备被称为原动机。原动机的能源包括原料的转化过程到最终产品，如将煤转化为蒸汽推动水轮机运转。当今互联电力系统产生的电能通常是由煤、石油、天然气、核能和水能转化而来。换言之，电力来源于风、太阳能、地热和生物能源。

本章将讨论以下常用发电能源和原动机：

汽轮机

- 矿物燃料（煤、汽油、石油）
- 核能
- 地热
- 太阳能蒸汽

水轮机

- 水坝和河流
- 抽水蓄能

燃气轮机

- 柴油
- 天然气
- 复合循环

风力涡轮机

太阳能(光电)

2.6.1　汽轮机发电站

锅炉、加热炉、热交换器产生高温高压蒸汽,蒸汽轮发电机(STG)将蒸汽能量转换为转动能推动发电机轴,带动与之相连的发电机转子。蒸汽轮转轴速度会影响发电频率,需要严格控制。

高温高压蒸汽通过推动汽轮机带动发电机转子。大型发电厂常用的蒸汽温度和压强为 1000°F(537℃)和 2000 P/psi(13 MPa),被称为过热蒸汽,或干蒸汽。

在通过第一阶段涡轮叶片后,蒸汽的压力和温度会迅速下降。涡轮叶片组成扇形转子推动转轴,压力和温度下降后的蒸汽进入第二阶段涡轮叶片,将多余蒸汽运送到转轴。为保证额外的膨胀和能量转换的空间,第二阶段的涡轮叶片体积远大于第一阶段涡轮叶片。一些发电厂会将通过第一阶段的蒸汽导入锅炉再次加热,在第二阶段的涡轮叶片进行更有效率的能量转换。

蒸汽推动涡轮机轴,能量消耗后温度压力下降,需要压缩为液体,以备循环使用。冷凝器和冷却塔将蒸汽压缩为水。锅炉给水泵(BFP)将蒸汽压缩后的温水再次泵入锅炉形成闭循环。在此过程中,需要补充水量弥补泄漏和蒸发。

冷凝器从附近的湖泊、池塘、河流、海洋、深井、冷却塔等处取水。使用过的蒸汽通过温度较低的水管滴流液化,存储在冷凝器底部,由锅炉给水泵泵入锅炉再次循环。

蒸汽发电场转化燃料热能到机械转动能形成电力的效率为 25%～35%。尽管效率较低,汽轮发电的可靠性使其成为大型电力系统中的常用基础负荷发电单元。蒸汽发电的效率损耗多为锅炉内部损失的热量。

2.6.2　火力发电站

汽轮机发电站使用煤、石油、天然气及其他可燃物质作为燃料。每种类型的燃料都需要特定的设备为锅炉供热,控制燃烧、通风孔和排出废气及副产品等。

部分火力发电站可以切换燃料类型。例如,当天然气价格低于石油时,石油发电厂可以切换使用天然气发电。但未经专业设计过的燃煤发电场很难利用石油和天然气发电，切换过程的复杂程度增加了切换成本。

燃煤发电场分为传统燃煤发电和煤粉发电两种燃烧方式。传统燃煤发电场中，煤在锅炉内部的金属输送机上燃烧并被送到锅炉底部。在下方收集输送机上掉落的粉尘，作为副产品销售给其他行业。煤粉发电场中，被粉碎成细末的煤进入熔炉，煤粉与空气混合燃烧。燃烧副产品包括固体残渣（粉尘）、细灰、NO_2、CO和SO_2，这些副产品通过烟道排放。根据当地环境保护条例，工厂应配备洗涤器和袋滤器，防止有害物进入大气。洗涤器收集废气，提高排出物的质量，而袋滤器主要收集粉煤灰。

燃煤发电站的缺点有：

- 燃煤导致环境问题，如酸雨；
- 煤炭运输铁路系统带来的运输问题；
- 遥远地区发电站的运输压力。

图2-10是火力发电厂的典型布局。蒸汽管道将过热蒸汽从锅炉传送到涡轮机，随后传送到冷凝器凝结为液体状态重复利用。汽轮机与发动机连接，蒸汽量决定涡轮转速，从而控制频率。当电力系统负荷增加时，涡轮轴减速运行，增加通过涡轮叶片的蒸汽，以保证转速。煤炭运往锅炉燃烧，经过洗涤器和袋滤器净化后，废料从烟道排放到大气。冷凝器从附近水库取水，并将蒸汽凝结为水重新利用。

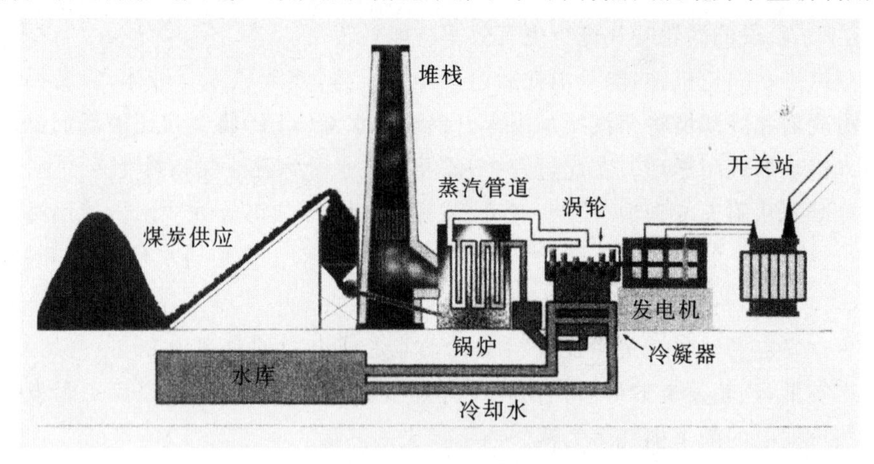

图2-10　火力发电厂

图2-11为燃煤蒸汽轮机发电站。工厂前方的坡道将煤运送到磨煤机磨成煤粉后，投入锅炉燃烧。操作工人需注意防止煤炭自燃。

图2-11　燃煤发电站（图片来源：Fotosearch）

2.6.3　核电站

如图2-12所示的核电站，可控核反应产生热量制造蒸汽，推动汽轮发电机。

图2-12　核电站（图片来源：Fotosearch）

美国的核电站都需遵守美国核管理委员会的条例和规范。大量文档规范了核电站的设计方案，以确保核电站安全运行以及公众安全。核管理委员会颁发许可证，许可证持有人必须保证反应堆依据严格的技术规范执行，并遵守相关规范以及现场检查，确保核电站安全运行。

2.6.3.1 核能

原子是一切物质的组成基础，万物皆由原子组成。原子包括原子核（质子和中子）和在轨运行的电子，原子粒子的数量（质子、中子和电子的总和）决定了原子的重量和原子在周期表的位置。核能同质子和中子一样，存在于原子的核心部位。自然状态下，原子核内粒子紧凑在一起。当较重元素（如 U^{235}）的电子分裂成多个原子核时，在分裂过程中会释放巨大能量。这些能量可产生蒸汽能驱动涡轮机，这是核电站的基本原理。

核能的产生主要有裂变和聚变两种方式。裂变是指大原子核原子（如铀）在核反应堆内分裂产生热能，这些热能可制造蒸汽推动汽轮机发电。聚变是指小原子核原子聚合为大原子核原子，并在此过程中释放热量。聚变过程中带正电荷的质子具有不可控的相互排斥力，目前尚不能用于电能生产。

裂变时，铀等较重元素受到中子撞击时分裂，释放动能（热）和辐射。辐射是不稳定的原子核释放的原子内粒子或高能光波。裂变过程产生能量和辐射，以及多余中子使其他铀原子核裂变，从而产生链式反应。发电是使用商品级燃料进行核能的可控释放，而核弹则是利用高度浓缩燃料进行核能的不可控释放。

反应堆在防事故外壳内进行。防事故外壳由超重混凝土和密集钢材制成，将核反应堆意外破裂的可能性降低到最小。核电站将硼注入反应堆冷却剂，作为能力储备计划的一部分。硼能够吸收中子，中止核反应，停止反应堆。

常见的核反应堆使用厚重钢材压力容器封装反应堆芯。铀燃料存放在直径为1.5英寸的圆柱型陶瓷颗粒中，并封装在金属长燃料管里。多个燃料管组成燃料组件，反应堆芯包含一组燃料组件。

通过使用吸收中子的材料可以控制核反应堆的热量产生。控制材料和元素位于燃料组件中，也被称为控制棒。当控制棒从反应堆芯中拉出时，反应堆会产生更多热量。控制棒重新插入反应堆芯后，会吸收中子，链式反应减慢或停止，不再产生热量。因此，控制棒驱动系统可以控制发电站的实际产出。

多数商业核反应堆是轻水反应堆，通过水带走聚变过程产生的热量，减慢或慢化聚变反应中的中子。这种反应堆的控制机制决定了只有水作为慢化剂时，才会进行链式反应。美国主要有压水堆（PWR）和沸水反应堆（BWR）两种轻水反应堆。

（1）压水堆。压水堆的基本结构如图 2－13 所示。反应堆和蒸汽发生器位于反应堆的外壳结构内部。这种结构可以承受小型飞机撞击等意外事故。压水堆蒸汽发生器将反应堆内带有辐射的水与蒸汽隔绝，蒸汽通往外壳外部驱动涡轮机。

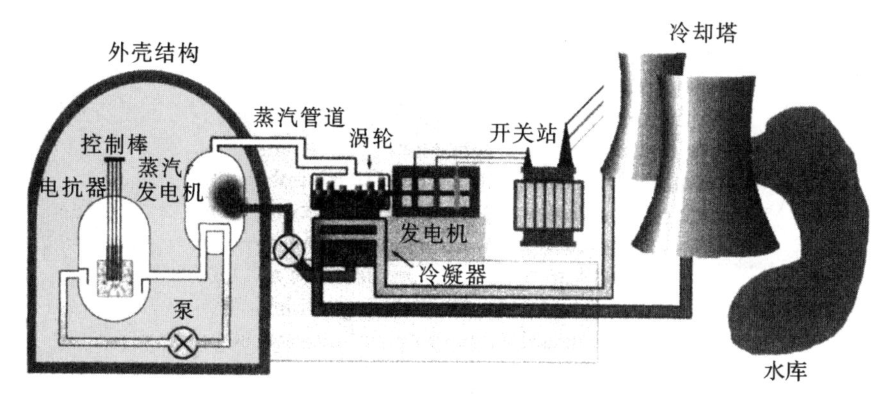

图 2-13　压水堆

在压水堆中，水在一级增压闭循环中流动带走热量，并通过热交换器或蒸汽发生器送往第二个水循环。第二个水循环的压力相对较低，在这一环节水沸腾后生成蒸汽，蒸汽推动涡轮发电机产生电能。随后，蒸汽重新压缩为液体，回到热交换器循环利用，再次形成蒸汽。

控制棒系统控制反应堆的能量输出。控制棒位于反应堆上部进行控制和插拔操作，需要特殊的弹簧和分离机构保证在断电时控制棒能够落入反应堆芯停止反应堆。

(2)压水堆的优缺点。压水堆被设计为防止燃料泄漏的结构。如果燃料棒破损，危险会隔绝在反应堆芯和一级循环中，燃料中的放射性物质不会流出防事故外壳。压水堆可以在高温高压的环境下运行，提高了涡轮发电机系统的效率。另外，压水堆具有较高的稳定性。水在反应堆容器外沸腾，保证了反应堆芯水的密度变化小，稳定的水的密度在某种程度上可以简化控制。

反应堆设计过于复杂是压水堆最大的缺点。需要极高的压力和温度保证水在反应堆芯外沸腾，增加了建造成本。在特定条件下，压水堆产生的热量会快于冷水除热的速度，可能导致燃料棒破裂。

(3)沸水反应堆。沸水反应堆的基本结构如图 2-14 所示。同样，沸水反应堆也有放置核反应堆和配套设备的反应堆建筑和防事故外壳。沸水反应堆的安全壳面积大于压水堆的安全壳，外形类似一个倒置的灯泡。

沸水反应堆中水在反应堆内部沸腾，蒸汽直接进入涡轮发电机产生电能。同其他蒸汽发电厂相同，沸水反应堆中的蒸汽也会被压缩和循环利用。汽轮机房与反应堆建筑紧密相连，进入汽轮机房的水具有放射性，需要严格限制。

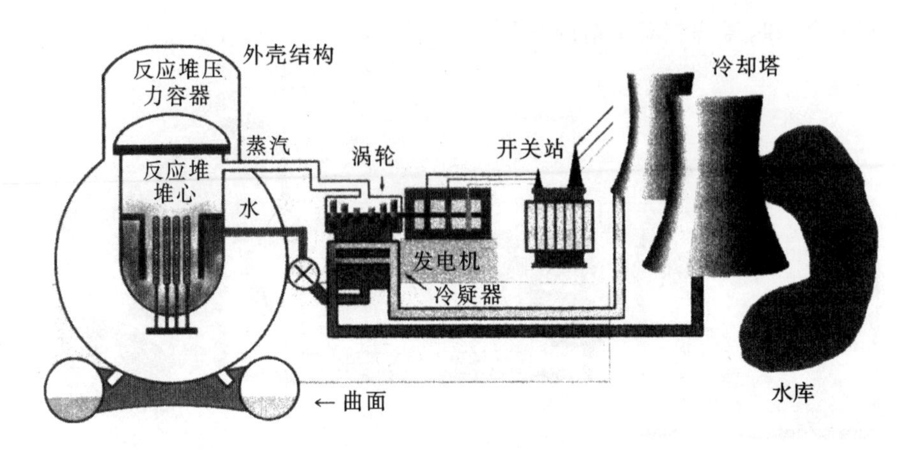

图 2-14　沸水反应堆

请注意反应堆下方的圆环。如果反应堆发生破裂,内部的水会迅速气化为蒸汽,产生大量压力冲击反应堆建筑。反应堆圆环充满冷水,一经接触,将这些蒸汽立刻液化为水,保证外壳穹顶内部压力维持在可接受范围内。

与压水堆相同,安全壳包括燃料芯和供水流道。反应堆再循环系统通过水管和水泵将水引入反应堆。水在反应堆加热为蒸汽后进入涡轮机。汽水分离器将水与蒸汽分离,引导蒸汽进入蒸汽发生器,而水返回反应堆待再循环利用。

沸水反应堆装备有冷却循环。反应堆芯中水沸腾时,水和蒸汽同时存在。放入控制棒后反应堆功率从初始降为额定功率的70%。通过控制经过反应堆芯的水量,可以控制反应堆功率在额定功率的70%到100%之间变动。经过反应堆芯的水量增多,生成的蒸汽也增多,会产生更多热量。在沸水反应堆中,控制棒通常位于底部,反应堆容器的顶部用于水和蒸汽的隔离。

(4)沸水反应堆的优缺点。沸水反应堆无需蒸汽生成器或热交互容器,整体热效率高于压水堆。其次,反应堆控制相对简单,只需要控制通过反应堆芯的水量。水量越多,产生的能量越多。最后,设计决定反应堆容器接收到的辐射较少,可以保护钢材因过多辐射变脆。

沸水反应堆的最大缺点是设计过于复杂。沸水反应堆需要比压水堆更大的压力容器,确保事故发生时能容纳足够的蒸汽,但导致制造成本的提高。此外,少量放射性污染物会进入汽轮机系统,工作人员需要穿着防护服。

2.6.3.2　其他相关话题(选读)

核电站非核部分的整体功能和设计与矿物燃料发电站形同,区别在于需要提交给监管当局保管证明安全设计运行的文档。核电站中有80个独立系统,其中最重要的是控制功率和限制发电站功率输出的系统。

(1)环保因素。在当今广泛关注的全球变暖和燃烧产出二氧化碳的问题上,核电站属于大气零排放,因为核电站没有烟囱。

(2)急停(SCRAM)。反应堆急停指紧急关闭,所有控制棒都迅速插入反应堆芯中,关闭反应堆停止产热。保护设施或传感器向控制棒驱动系统发送信息,急停即刻启动。可能触发急停的典型情况包括:反应堆外壳温度突然下降,压力突然变化或其他潜在系统故障。

急停的原理是控制棒能够吸收中子,缺少中子的铀元素无法进行核聚变,控制棒插入反应堆芯,使反应堆功率下降和/或停止。

急停发生后,需要彻查原因,在反应堆重启前采取补救措施。此外,反应堆急停后通常需要大量的文书工作,证明反应堆可以安全重启。

急停这个词的来源有很多,通常认为是源自于二战时期。当时的原核反应堆由人工手动操作,出于安全考虑,控制棒被设计为可落入反应堆芯吸收中子。控制棒用绳子悬挂,紧急情况发生时,需要切断绳子使控制棒落下。负责切断绳子的人被称为安全控制棒切断人。核管理委员会规定,安全控制棒切断人简称急停(SCRAM)。现在,急停代表反应堆因任何原因的紧急停止。

(3)设备振动。设备振动是核电站需要解决的问题。中央计算机系统负责监控核电站每个独立部分的振动迹象。如果检测到超标振动,会自动关闭相关系统。常规蒸汽发电站也是如此,当检测到涡轮机或发电机振动超标时,会关闭相关设备。

核电站的保护继电器极易受到振动影响。振动会使继电器错误操作,关闭系统或整个发电站。

微处理器保护继电器对振动基本不受影响,但是其固态电路可能会被辐射损害,因此,核电站多使用机电继电器作为微处理器固态继电器的后备。

2.6.4 地热发电站

地热发电站利用地下的热水和/或蒸汽发电。热水和/或蒸汽运送到地表的热交换器,通过带涡轮机的二级系统制成洁净蒸汽。洁净蒸汽不会在管道等设备中产生沉淀,将维修工作降低到最低。洁净蒸汽转化为电能的过程与矿物燃料蒸汽机的过程相同。

地热能被认为是可靠能源中的可再生能源,有人却认为从长远角度看,发电站可利用的地热资源将随时间推移而减少。地热可能会枯竭,难以获得或缺少压力而不再喷发出地面。图2-15是地热发电站的结构图。

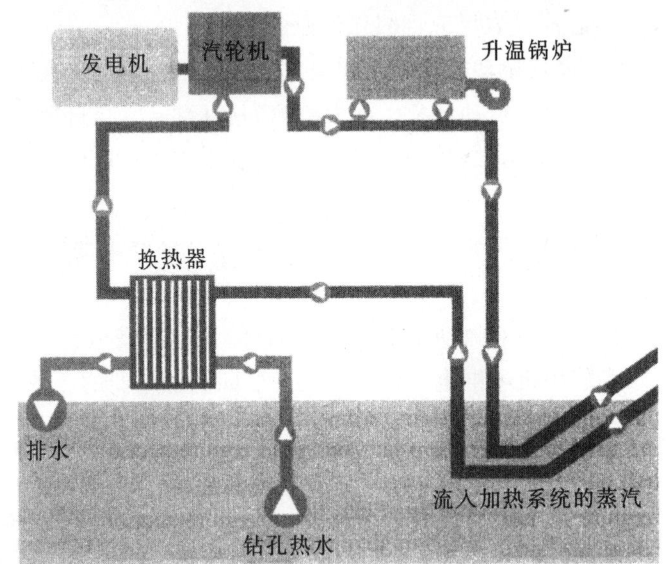

图 2-15　地热发电站和原理图（图片来源:Fotosearch）

2.6.5　反射太阳能

太阳能是环境友好型资源,不产生任何污染。大规模反射太阳能发电站需要有大量空间,并能与太阳形成特定角度的地点,最大程度地接收阳光照射,高效利用太阳能。

镜面反射太阳能到集中供热系统，镜面为抛物线形机动化设备，将太阳能集中到锅炉接收面上的接收管中。接收管中含有用于蒸汽-锅炉-汽轮机系统的热传递液体。接收管吸收的集中后的太阳能是普通太阳能的 30～100 倍。接收管中的液体可达 400℃。蒸发产生的蒸汽推动轮机后，经过冷凝器重新液化，准备在锅炉系统中再次蒸发。图 2-16 为太阳能发电站示意图。

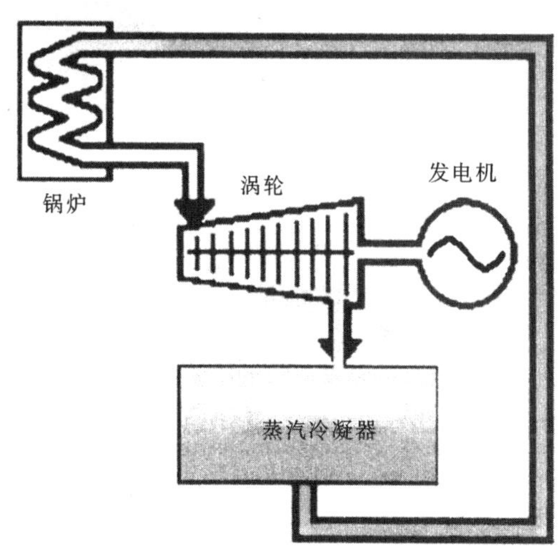

图 2-16　反射太阳能发电站和原理图（图片来源：Fotosearch）

2.6.6 水力发电站

水力发电站利用流水的能量发电，有许多方式利用水能。水渠、水槽和水车形成的瀑布可以推动水轮机，也可以利用大坝下方流动的水流产生水能。水力发电具有高效、成本效益高、环保等特点。水循环的持续性和再利用性使水能成为公认的可再生能源。

水流通过水轮机的速度远远慢于蒸汽通过高压蒸汽机的速度。需要利用数个转子磁极降低水轮机轴转速。

水电机组可以快速启动，并在数分钟内达到全负荷。通常发电机都需要少量启动电源，水力发电机是无需电源即可启动的无电源启动模式。水力发电机使用寿命长达 50～60 年。加利福尼亚州特拉基河的水力发电站可使用超过 100 年。图 2-17 为水力发电站示意图。

图 2-17 水力发电站（图片来源：Photovault）

图 2-18 为低水头水电站横截面图。大坝储藏的水通过水渠引入涡轮机，带动发电机旋转，产生电能，通过远距离输电线路输送到负荷中心。水流推动涡轮机后排放回河流。

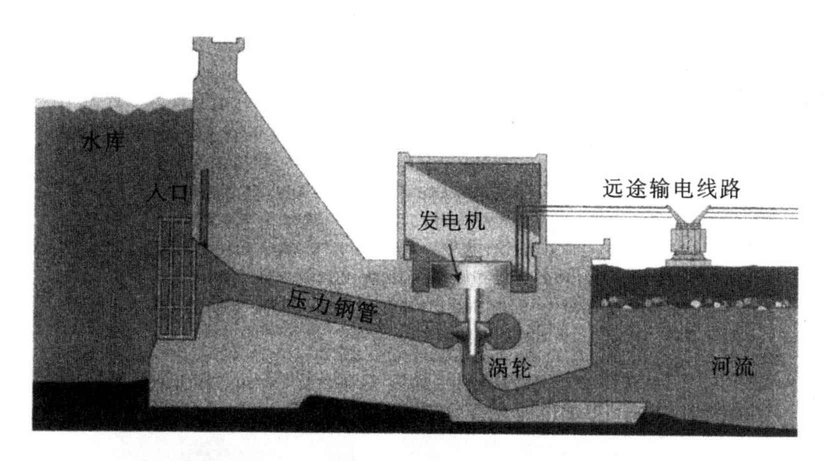

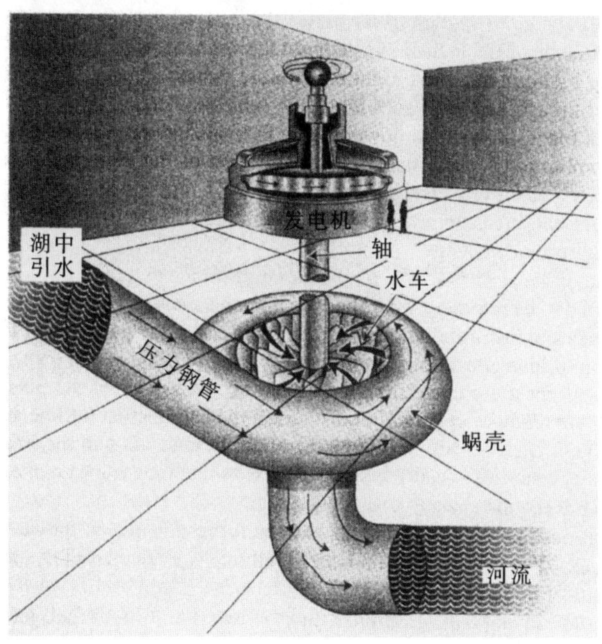

图 2－18　水力发电站

图 2-18 水力发电站(续)

2.6.7 抽水蓄能水电站

抽水蓄能水电生产可以为未来留存电力。在用电高峰时,水从高处落下产生能量;非用电高峰时,将水从低处泵入高处消耗电能。电力公司可在用电高峰收取高价电费,支付在非用电高峰时将水泵入高处的费用。位于低处的设备具有双重功能,可作为水力发动机和机动泵使用。

抽水蓄能泵发动机启动时容易出现问题。启动泵发动机需要使用系统电线,会导致电源电压凹陷,引起电源故障。一些抽水蓄能设备会安装双涡轮,一台用做抽水水泵,另一台给前者供电。这样会减少泵发动机启动时对电源造成的损害,第二台涡轮机在协助启动后也可作为泵发动机抽水。

图2-19是浣熊山田纳西流域管理局抽水蓄能水电站的横截面图。主进口隧道用于将涡轮机、水泵及辅助设备运输到动力室。田纳西流域管理局在山顶设立了游客中心，大众可以参观内部装置。

图2-19　抽水蓄能发电站

2.6.8　燃气轮机发电站

燃气轮机(CT)发电站在喷射发动机中燃烧燃料，生成气体推动涡轮发电机运转。将燃料注入压缩为高压气体的空气后点燃，即可产生高温高压气体。同汽轮机中蒸汽一样，气体推动涡轮叶片转动，继而推动发动机转子产生电能，通过涡轮机的废气仍然保持高温高压。图2-20为燃气轮机发电机示意图。

燃气轮机的优点在于可以设计为现场无人值守的远程控制，并支持快速启动和快速安装。燃气轮机发电机系统可以工程全包，购买全套装置，交付时即可投入使用。燃气轮机发电机套件多为完整的独立装置。小容量系统通常根据需要进行调整，以便快速移动，满足紧急发电需求。

燃气轮机可以快速响应电力系统需求变化，可以在几分钟内甚至几秒钟内从无载进入满载运行状态，或从满载运行转为无载。

燃料的有限选择(如柴油、喷气燃料和天然气)以及废热的低效利用是燃气轮机不可避免的缺点。

使用燃气轮机涉及到多个环保问题。首先，燃气轮机废气排量高，需要妥善处理后方可排放。其次，高温燃烧室导致一氧化氮及相关产物排放量增加。此外，燃气轮机使用不同的燃料，会排放颗粒物，影响空气能见度。最后，燃气轮机使用与机场类似的喷射发动机，燃气轮机的噪声影响非常大，需要使用专业降噪系统。

单一循环燃气轮机的发热效率较低，只能达到最大功率的20%～40%。为减

图 2-20 燃气轮机发电站

少热能浪费,可安装热交换器产生蒸汽,额外推动蒸汽轮机。燃气轮机多用于联合循环发电站。

2.6.9 联合循环发电站(燃气和蒸汽)

联合循环发电站主要利用燃气轮机和蒸汽轮机两种发电机。燃气轮机与喷射发动机类似,使用天然气作为燃料,通过高压高温气体推动涡轮转轴带动发动机。热气通往余热回收蒸汽发生器(HRSG),加热水产生蒸汽推动另一台汽轮发电机。

联合循环(CC)系统使用燃料燃机生产电能,并利用燃机的废气继续生产电能。联合循环发电站的终端用户还可利用蒸汽进行房屋供暖、烧水等使用蒸汽的生产活动,如造纸厂。联合循环系统可以通过一种能源(天然气)提供多种能源(电能、蒸汽、热水、供暖)。联合循环发电站的资源利用率可高达 99%。图 2-21 为联合循环发电站示意图。

图 2-21　联合循环发电站

2.6.10　风力发电机

随着过去十年的科技发展，风力发电机的数量在不断增加。2006 年，美国风力发电机的装机容量达到了 11000 MW。在世界范围内都在使用风力发电机。全球风力发电机装机容量为 74000 MW。图 2-22 为风力发电机示意图。

图 2-22 风力(图片来源:Fotosearch)

风力发电机每生产一千瓦时电能的成本很高,还需要考虑当地是否有持续风能。因此,电力公司一般不考虑将风力发电作为基本负荷。基本负荷通常使用持续易得的能源,可以支持 24 小时发电生产计划。

风力是指通过现代风车将风能转化为电能的能力。风力增加,产生的电能会成倍增加。风速增加一倍,相应电能会增加两倍或八倍。有时,对人来说只有微弱变化的微风,有可能对风力发电产生巨大的影响。

风力发电机的安装选址不仅要考虑持续的风速,还需要选择地势较高,靠近输电线的地点。

风能是无需燃料的免费能源。无穷无尽的风决定了风能是可再生资源。

2.6.11 太阳能发电(光电)

光电太阳能发电站将太阳能直接转化为电能。图 2-23 为光伏阵列。光伏阵列的面板使用薄膜或特殊材料将阳光反射到直流电能系统。每一块面板并列连接,收集输出电压和额定电流。部分光电太阳能发电系统装有电池等蓄能设备,可在非峰值时供电。换流器可将直流电转为交流电。

大规模光电太阳能发电系统由多个 20 mA 电流、1.5 V 电压的直流太阳能电池组成。光伏阵列板一般为 4 英尺×1 英尺,可生产 50~60 W 电能。4 平方英尺的面板每日收集的太阳能可为 60 W 灯泡供电。考虑到目前的科技水平和航空需

图 2-23　直接太阳能光伏（图片来源：Fotosearch）

求，太阳能光伏系统不适用于大规模发电。

太阳能发电站不产生任何污染物，是环境友好型发电站，但光伏面板和转换设备成本过高限制其发展。目前已经能够生产较低价格的高效光伏面板，未来太阳能发电会更具成本效率。在偏远地区，太阳能发电已作为商用，为小型设备供电。政府通过税收激励制度，鼓励居民和小型商户使用太阳能。

第3章 输电线路

学习目标

√ 解释为什么使用高压输电线路。

√ 解释不同导体的类型、大小、材料和配置。

√ 讨论架空线和地下电缆不同的绝缘方式。

√ 论证常规电力系统的输电电压等级。

√ 讨论不同种类输电线路的电气设计参数(隔离、空气沟、雷电效应等)。

√ 分析交流和直流输电线路不同的设计、可靠性、应用和实用性。

√ 讨论架空线和地下电缆输电线路。

3.1 输电线路

为什么要使用高压输电线路?这是因为高压输电线路比低压输电线路更能有效地远距离传输电力功率。主要有以下两个原因:高压输电线路利用了功率等式,即功率等于电压乘以电流,这样增大电压会使得在相同功率下的电流减小;由于传输损耗是在导体里流动的电流平方的函数,增大电压而使电流减小能够很显著地降低传输损耗。需要补充的是,减小电流可以使用更小体积的导体。

图3-1为一个500 kV的三相输电线路,每相有两根导线。这种每相两根导线的组合叫做捆绑。电力公司将多根导线——两根、三根或更多捆绑在一起,用来增加电力线路的电力传输容量。这些线路上用到的绝缘子类型称为V-string绝缘子。V-string绝缘子与I-string绝缘子相比,在有风的条件下更加稳定。这种输电线路在最顶端有两根静止不动的电线用于避雷。在静止电线上没有绝缘子,

而是直接连接到金属塔上，这样闪电雷击可以直接被导向地面。这种避雷设备将使绝大多数电力导体免受直接雷击。

图 3-1　高电压输电线路　（图片来源：Photovault）

3.1.1　增大电压而使电流减小

增大电压会使电流减小，这减小了导体的体积但也增加了对绝缘体的要求。我们再看一下功率等式：

$$功率 = 电压 \times 电流$$

$$电压_{输入} \times 电流_{输入} = 电压_{输出} \times 电流_{输出}$$

从上面的等式可以看出，在相同功率条件下，增大电压意味着减小电流。在电塔中逐步增加变压器的目的就在于增加电压而使电流减小，可以更远距离地传输功率。然后在输电线路的接收端，使用逐渐减低的变压器组来降低电压，使之更容易配电。

举例来说，在 230 kV 电压下传输 100 MW 功率的电力所需要的电流总量是在 115 kV 电压下传输 100 MW 功率电力所需电流的一半。换句话说，电压增大一倍会使所需要的电流减小一半。

高压输电线路要求更长的绝缘子串以获得更大的空气间隙达到绝缘效果。这使得输电线路的结构更大。然而，搭建一个更大系统的高压输电线路通常比低压输电线路价格更低，也更明智。因为低压输电线路持续不断的高损耗需要不断投入资金维护。不仅如此，假设从 A 地传输一定总量功率的电力到 B 地，高压输电线路要求的合适通道的大小比低压输电线路多个通道并排要小的多。

3.1.2 升高电压来降低损耗

当电流减小时,损耗会显著降低。导体里的电流损耗用 I^2R 公式计算。当电流 I 翻倍增加,在导体电阻 R 一定的情况下,电力损耗将会增大四倍!需要再次强调的是,用高压输电线路远距离地传输大容量的电力系统将会更有效地控制成本,因为电流减小,损耗也降低很多。

3.1.3 绑定导体

绑定的导体大大提高了传输线路的电力输电能力。在一条输电线路上增加绑定的导体所产生的额外费用相对较小,因为绑定导体实际上将输电线路的电力传输能力提高了两至四倍,甚至更多。假设某个新的输电线路的设计方案已定,设计输电线路使得每相上有多个导体将会在额外花销最小的情况下,最大限度地提高这条输电线路的电力传输性能。

3.2 导体

导体的材料(所有电线)、类型、大小和电流流量在输电线路、配电线路、变压器、服务电线等的电力手动容量中起决定性因素。导体由于电流流过电阻而会产生热量。在导体中每一英里的电阻是等量分布的。导体的直径越大,电流流动的阻抗越小。

导体是由引起它们温度升高到高于周围温度的预定温度的不同电流量来分类的。高于室温(如没有电流流动时)的温度值决定了一个导体的电流等级。例如,当一个导体温度高于环境温度 70℃时,该导体被认为是在满负载等级。电力公司通常选择高于环境温度的温度上升来决定可接受的导体等级。电力公司在一些紧急情况下可能实行不同的电流等级(即温度等级)。

造成温度上升的电流量是由导体的材料和大小决定的。导体的类型则决定了它的强度和在电力系统中的应用。

3.2.1 导体材料

不同公司使用不同的导体材料做不同的用途。铜、铝和钢铁是在电力系统中比较常用的导体材料类型。其他类型的导体如银和金,都是比较好的导体,但是较高的成本也阻碍了这些材料的广泛应用。

3.2.1.1　铜

铜是一种使用很广泛的很好的导体，耐用而且受天气的影响不大。

3.2.1.2　铝

铝也是一种很好的导体，但不如铜质导体耐用。铝的成本较低，且不会生锈，比铜的质量轻。

3.2.1.3　钢

钢铁导体比起铜和铝的导电性能要差一些，但很坚硬。钢绞线通常用在铝导体的中心来增加导体的张力。

3.2.2　导体类型

电力系统的导体是实心或多绞线的。刚性的导体，如中心是空的铝管，通常被用做变电站的导体，这是因为当导体只由两端固定时，在低高度的变电站可以防止导体下坠。刚性的铜总线束因为其较高的电流等级和相对较短的长度，普遍被用在低压的配电控制柜中。

最常用的电力线路导体类型如下：

(1)实心。实心的导体(见图 3－2)通常较小，也比串连接的导体坚固，较难弯曲，易受到损害。

(2)串连接。如图 3－3 所示，串导体用三个或者更多的导体串材料扭在一起形成一个单独的导体。串导体可以负载高电流，比实心导体更灵活。

(3)铝制导体，钢骨(ACSR)。为了增加铝制导体的强度，如图 3－4 所示，在铝制导体的中心放入钢筋串导体。这些高强度的导体一般用于大范围长距离传输，最小程度地防止导体下坠。

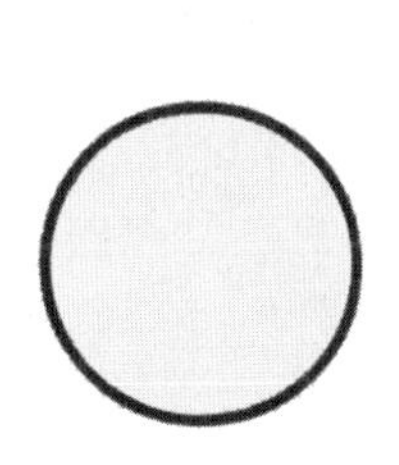

图 3－2　实心导体

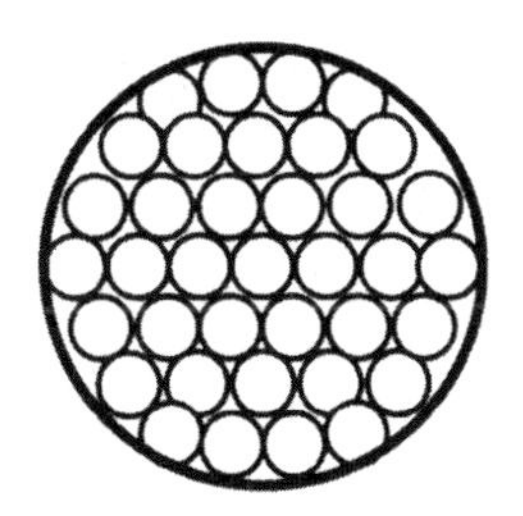

图 3－3　串连接导体

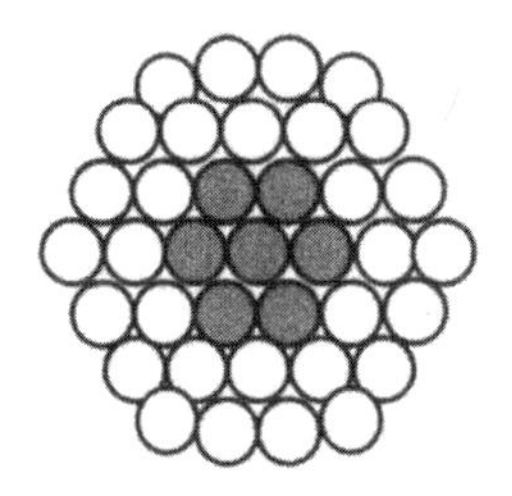

图 3－4　ACSR 导体

3.2.3　导体大小

在电力系统中使用两种标准大小的导体。一种是小尺寸导体(美国电线的厚度)，另一种是大尺寸导体(圆周面积)。表 3-1 比较了导体的大小和它们的标准。

表 3-1 典型 ACSR 导体尺寸

截面（英寸）	尺寸（AWG 或圆密尔）	尺寸，铜等价	等级（A1 钢）	直径（英寸）	电流（幅度）（上升 75℃）
0.250	4	6	7/1	0.250	140
0.325	2	4	6/1	0.316	180
0.398	1/0	2	6/1	0.398	230
0.447	2/0	1	6/1	0.447	270
0.502	3/0	1/0	6/1	0.502	300
0.563	4/0	2/0	6/1	0.563	340
0.642	266000	3/0	18/1	0.609	460
0.783	397000	250000	26/7	0.783	590
1.092	795000	500000	26/7	1.093	900
1.345	1272000	800000	54/19	1.382	1200

3.2.3.1 美国标准电线厚度(AWG)

美国标准的电线厚度是一种较为古老的标准，用于较小的导体尺寸。数字越大，导体的实际尺寸越小。换句话说，一个导体的标号越小，它的实际尺寸越大。圆周面积的测量标准则通常用在较大导体的尺寸。

3.2.3.2 圆周面积

导体的大小比 AWG 大 4/0 时用圆周面积(cmills)表示。一个圆周面积单位等于直径为 0.001 英寸(1 mil)的圆周的面积。图 3-5 所示的导体大小为 55 个圆周面积。实际的尺寸上，55 圆周面积的导体大小约比 55 英寸的长度小四倍多。用圆周面积表示导体大小，通常用上千个圆周面积来表示(即 kcm)。

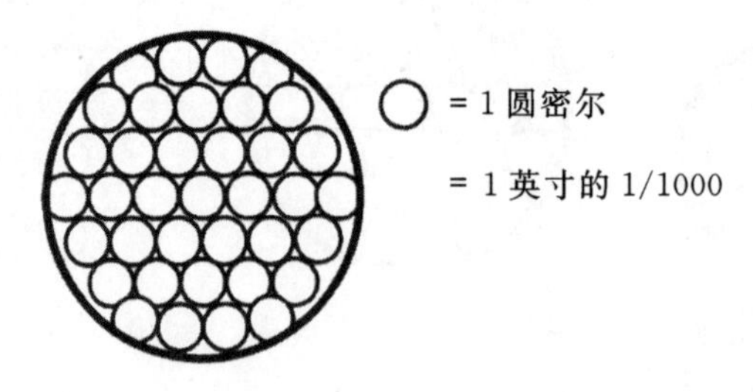

图 3-5 圆周面积

表 3-1 为导体尺寸和室外的 ACSR 导体对应于高于室温 75℃ 的电流等级，

以及对应的铜制导体的尺寸。

3.2.4 隔离和外壳保护

有电流通过电线的导体可以选择是否使用隔离保护。非隔离的导体(如纯导线)通常视为“绝缘导体”,作为将纯电线和地隔绝起来的方法,此时空气不会导电。绝缘导体使用塑料、橡胶或其他带护套的材料进行隔离。高压绝缘导体通常用于地下系统中,绝缘的低压电线通常用在居民架空线路和地下线路。

在 19 世纪,罗纳德、库克、惠特斯通、摩尔斯和爱迪生发明了绝缘电缆。这种绝缘材料在当时可以在棉花、黄麻纤维、麻、木材和油纸等自然物质中找到。随着橡胶混合物的发展和塑料的发明,地下线路的绝缘电缆越来越可靠实用。

3.2.5 电压等级

表 3 - 2 为北美在传输线和二次输电线中使用的电压等级,但不是强制的,一些电力公司会在他们制定的电力系统中使用不同的电压。需要注意的是,在一些中等距离线路(跨大人口密集区),或对总电流要求比较小的远距离的电力传输,如服务分布很广但人口分布较为稀疏的地区,通常使用二次输电线路。

表 3 - 2　输电线路电压

电压等级	电压类型	系统电压
69000		二次输电
115000		
138000		
161000		传输线
230000	超高电压(EHV)	
345000		
500000		
765000		
1000000 以上	极高电压(UHV)	

输电线路的电压越高,相较于低压输电系统的电压更需要参照标准电压等级。配电线路电压与输电线路电压有很多微小的差别。

电压等级是一个在设备制造商和电力公司中确认设备接入电压时经常用到的术语。设备商可以用电压等级来确定某系统能够提供给他们设备的操作电压。电力公司可以用电压等级作为系统参考电压。电压等级可能还包括标称操作电压。标称电压即为日常使用的实际电压。例如,断路器可能是一个 125 kV 电压等级的设备,标称操作电压是 115 kV。

电压类别是区分电压等级的术语。例如“超高电压”(EHV)是表征设备制造商建造输电设备的术语,而建造配电设备则用“高压设备”(HV)来表示。

系统电压是一个用来确定是配电线路、输电线路或者二级输电线路使用的术语。例如电力公司一般都有配电部门和输电部门。一个典型的电力公司都有配电线路人员和输电线路人员。二级输电系统电压通常参照用户的服务电压。

3.3 输电线路设计参数(选读)

本节具体讨论高压输电线路的设计参数细节。

3.3.1 绝缘

输电线路的最小绝缘要求是由独立考虑以下因素的最小要求决定的。

以下列出的任何绝缘标准都能够规定输电线路的最小空间和绝缘要求。

3.3.1.1 60 Hz 电力电压的空气间隙

流动的空气有放电电压等级。每 100 kV 电压有一英尺的空气间隙,这就是拇指定律。基于操作电压,海拔和外界条件还有更详尽的参考表格决定合适的空气间隙。

3.3.1.2 污染等级

分布在近海、盐碱带平地、水泥工厂等地带的输电线路需要额外的隔离措施,以在这种易受环境污染的地带正常工作。例如,潮湿的盐会造成电流泄露和绝缘漏电。所以在这些易受环境影响的地方,需要更多地缩小最小空气间隙的隔离措施。

3.3.1.3 过电压条件下的转换

当电力系统的断路器工作时,大发电机组启动或电网发生干扰时,都会产生瞬态电压而使空气间隙漏电。设计工程师研究了所有的瞬态转换条件,以确保在输电线路的任何时刻都有足够的隔离。

3.3.1.4 安全的工作空间

国家电气安全法规(NESC)规定了电力传输线路和变电站设备的相—地和相—相之间的最小空气间隙。NESC 的间隙是建立在安全操作空间的要求基础之上。在有些应用中,需要增大最小空气间隙沟以达到 NESC 的要求。

3.3.1.5　雷电保护

输电线路中经常使用带屏蔽的电线来增强电线在雷电天气的工作性能。带屏蔽的电线(又称静态线或地线)常用在高海拔地区来吸引雷电。当雷电击到屏蔽电线上时,电线上有浪涌电流,电流流过塔顶和接地棒,流向地面,雷电能量扩散。有时为了避免能量扩散时塔尖的大电流向电力导体回流,还需要另外的空气间隙。电塔的雷电防护效应做得较好时,就可以较少地考虑这些措施。

3.3.2　噪声

在高压电力线设计时,噪声也是一个必须要考虑的问题。噪声可以由恶劣的天气、电气应力、电晕放电,或在设计阶段未考虑低压交流声等问题引起,多采用增大导体尺寸或空气间隙的方法来减小噪声。

3.4　地下输电线路(选读)

地下输电线路由于隔离要求和材料造价的不同,成本通常是空中线路的 3～10 倍。地下输电线路常在市区或机场这些无法架建空中线路的地方。地下输电线路的电缆是用聚乙烯绝缘介质做成的,支持总量为 400 kV 的电压等级。图3-6所示为 230 kV 的地下输电线路。

图 3-6　地下输电线路

3.5 直流输电线路(选读)

有时出于经济原因、系统同步优点和电流控制等的考虑而使用直流输电线路。在直流输电线路的两端使用双向整流变流器，将三相的交流输电线路转变为双极(加和减)直流输电线路。整流变流器将交流电转变为直流电，反之亦然。新转换的交流电在连接到交流系统之前，必须先滤波以改进电力线路质量。

直流输电线路没有相位方向，但具有正极和负极。图3-7是西北太平洋直流输电线路，为±500 kV电压或相对1000 kV电压。在直流线路中无需同步，因为直流电的频率为0，因此在互联系统中无需频率变化。一个60 Hz的系统可以通

图3-7 空中直流输电线路

过直流线路与一个 50 Hz 的系统相连。

出于经济因素的考量,直流线路比交流线路更有优势。这是由于直流线路只有两个导体,而交流线路有三个导体。建造并操作一个直流线路的总体费用,包括交换站在内,会比一个等价的交流系统少。因为减少了一个导体,地上通道变窄,不需要造价高昂的铁塔。

第 4 章

变电所

学习目标

√ 列举变电所主要设备。

√ 描述主要设备类型的用途和用法。

√ 讨论变压器的不同种类。

√ 阐述稳压器和调压开关的使用方法。

√ 了解油气设备的优缺点。

√ 学习断路器的类型和用法。

√ 了解电力系统中电容器、反应堆、静态无功补偿器的用途。

√ 讨论调度室中设备的用途。

√ 讨论变电所采用的预防性养护措施。

4.1 变电所设备

本章讨论输电变电所和配电变电所常用设备的用途、功能、设计特点及主要特性,以及预防性维护技术计划,读者将初步了解变电所中主要设备的使用和运行。

本章讨论的变电所设备有:

- 变压器
- 调压器
- 断路器及重合器
- 空气断路器
- 避雷针

- 电气总线
- 电容器组
- 电抗器
- 静态无功补偿器
- 调度室
- 预防性养护

4.2　变压器

变压器是电力系统的核心部分，形状各异、大小不同。电源变压器用于高低压电源的转换，电能在高低压间流动。发电站使用大型升压变压器提高发电电压，保证电能远途传输的效率。降压器将电能转化为二次输电或配电电压，适用于更远距离的运输和消耗。图 4-1 为降压器，图 4-2 为配电变压器。配电变压器用于将配电线路传送的电压降低到适合民用、商用及工业的较低电压，如图 4-3 所示。

图 4-1　降压器

电力系统中常用的变压器有以下三种。第一种是仪表互感器，用于大功率设备与低功率电子仪器的连接，监控系统电压电流。仪表互感器又可分为电流互感

图 4-2　配电变压器

器(CT)和电压互感器(PT)。仪表互感器通常用于测量仪表、继电保护设备和电信设备。第二种是调节变压器,可以维持配电电压,保证终端消费者的壁装电源插座输送稳定电压。第三种变压器是移相变压器,用于控制联络线的功率流。

变压器分为单相、三相和变压器组。图 4-3 为三相变压器组。

4.2.1　变压器工作原理

变压器的运行原理是第 2 章学习的两个物理定律的结合。物理定律 #1 论证了变化的磁场中导体产生电压。物理定律 #2 证明电流通过电线圈会产生磁场。变压器的两组线圈和变动电压电源将两个物理定律结合起来,即一侧的线圈中的电流流动时会降低另一侧线圈中的电压,两个线圈在磁场中耦合。

电力系统建立在上述两个物理定律的基础上。变压器一侧的电压与变压器匝比成正比,另一侧的电流与变压器匝比成反比。如图 4-4 中变压器的匝比

图 4-3　变压器组

为2∶1。

图 4-4 中，如果变压器的匝比为 2∶1，左侧一次绕组的电压为 240 V 交流电，电流为 1 A，那么右侧的二次绕组可以产生 120 V 交流电、2 A 电流（见图 4-5）。两侧的电量为 240 W（电量=电压×电流）。电压增高的同时电流降低，系统的损耗也随之减少。

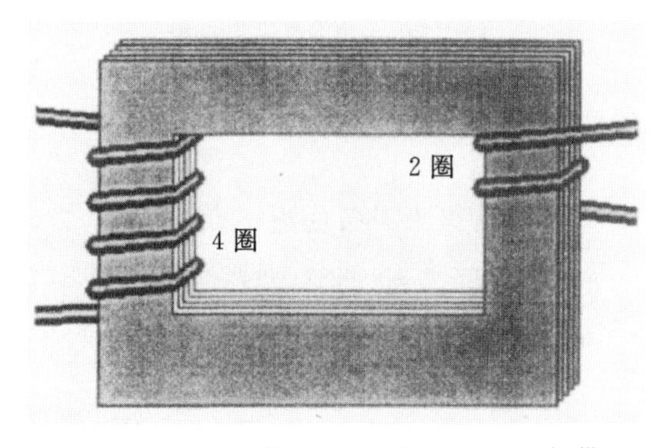

图 4-4　变压器绕组（由 Alliant Energy 提供）

4.2.2　电源变压器

图 4-6 所示为大型电源变压器的内部结构。电源变压器由对应每个相位的

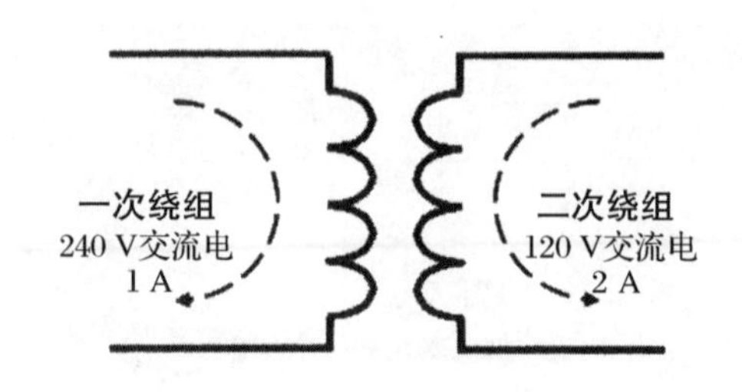

图 4-5　变压器匝比

两个或多个绕组组成，绕组缠绕在铁芯上。铁芯集中磁场，可以提高变压器效率，降低损耗。大功率和小功率绕组的线圈数量不同，线圈间匝比代表高低压两侧的电压和电流关系。

图 4-6　变压器铁芯和线圈

4.2.3　套管

套管用于变压器、断路器等电力设备的连接点，负责连接设备内外的导体，使通电导体和导体外部接地金属壳绝缘。套管内的导体多为瓷质绝缘外壳包裹的铜棒，在瓷质外壳与铜棒之间，常加入油、气等绝缘介质增强绝缘效果。矿物油、六氟化硫气体较常作为绝缘介质使用。

需要注意的是，变压器的高压侧使用大型套管，低压侧使用小型套管。下文将要讨论的断路器两侧套管大小相同。

图 4-7 和图 4-8 为变压器套管。通过套管顶部的玻璃部分可以看到油面的高度，也可使用油位表进行油量的检测。

裙座安置在套管与外界相连的部分，延长液体流动距离，减少意外泄漏的油量。

图 4-7 变压器裙座

图 4-8 变压器套管

瓷质外壳的清理也非常重要。脏污的套管会产生电弧导致跳闸，尤其在潮湿的阴雨天气或浓雾天气危险性会增加。

4.2.4 仪表互感器

仪表互感器是用于为测量仪表、保护继电器和/或系统监测仪器按比例减少实际电力系统质量的电流电压变压器。电流互感器和电压互感器均可降低电能信息的质量。

4.2.4.1 电流互感器

电流互感器(CT)可将高压导体中的高强度电流降低到安全工作的水平。例如，电流互感器二级绕组的 5 A 电流比一级绕组的 1000 A 电流更易于运转。

图 4-9 为电流互感器连接框图。监控仪器将电流互感器匝比作为比例因数，从而判断电流水平，而高压导体中的电流可以直接测量。

分接头(或称线圈连接点)可以调整匝比比例因数，与仪器运行电流达到最佳比例。

如图 4-10 所示，电流互感器位于变压器和断路器套管上。图 4-11 为独立高压电流互感器。

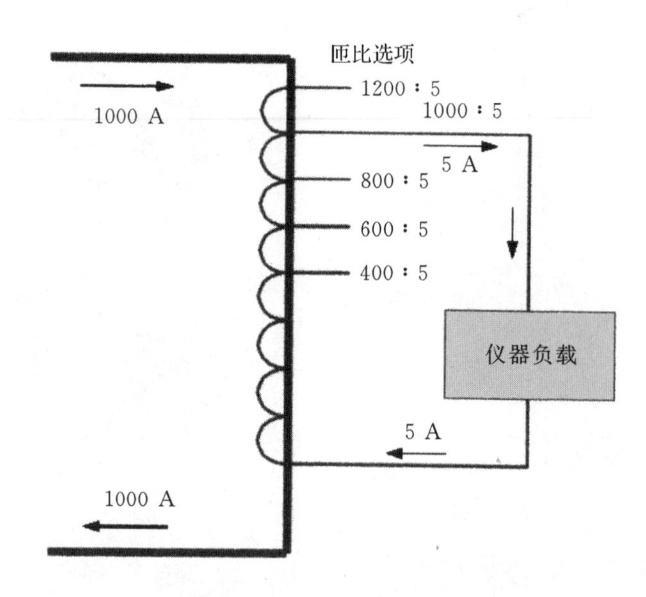

图 4-9 电流互感器连接框图

图 4-10 套管式电流互感器

图 4-11　外部高压电流互感器

4.2.4.2　电压互感器

电压互感器(PT)按照比例将高压降低到可以安全工作的水平。例如,115 V 电压比 69 kV 电压更加易于工作。电压互感器的连接方式如图 4-12 所示。实际电压的计算需要将 600∶1 的比例因数考虑在内。电压互感器同样也用于测量仪

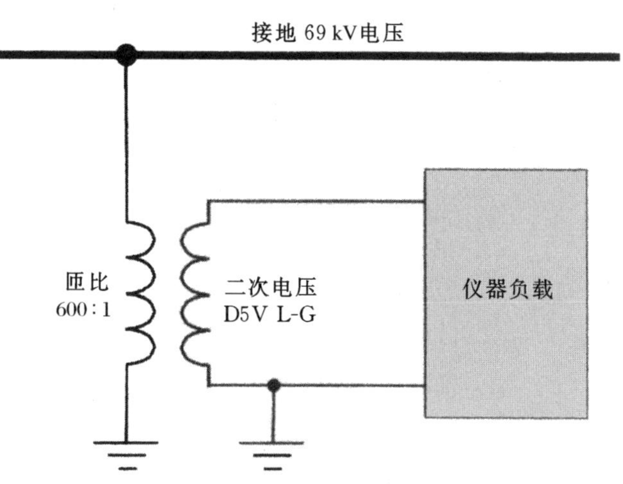

图 4-12　电压互感器连接框图

表、保护继电器和系统检测仪器。与电压互感器二级绕组相连的仪器决定匝比比例因数。

同样，电压互感器的分接头（或称线圈连接点）帮助不同的匝比比例因数与仪器需求电压达到最佳比例。图 4－13 为低压电压互感器，图 4－14 为高压电压互感器。

图 4－13　低压电压互感器
（由 Alliant Energy 提供）

图 4－14　高压电压互感器
（由 Alliant Energy 提供）

4.2.5　自耦变压器（选读）

自耦变压器是常规双绕组变压器的变体，具有共享绕组的特殊结构。单相双绕组自耦变压器的初级绕组和次级绕组共享一根铁芯，低压绕组是高压绕组的一部分。

自耦变压器适合小匝比（匝比小于 5∶1），常用于高压传输。例如，自耦变压器多用于 500～230 kV 或 345～120 kV 系统电压。材料成本低和占地面积小是其两大优点。

图 4－15 为自耦变压器连接方式。自耦变压器外形与其他电源变压器相同，可以通过查看铭牌确定。

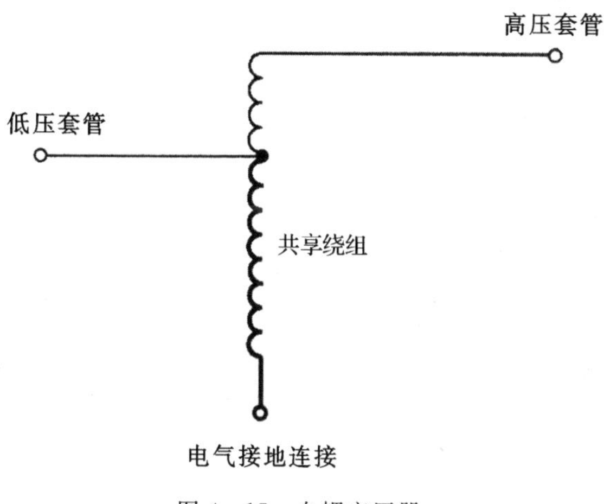

图 4－15　自耦变压器

在无载状态下，高压侧电压为一级和共享绕组电压之和，低压侧电压与共享绕组电压相同。

4.3　调压器

电力公司持续提供规范化稳定的电压至关重要。民用 120 V 交流电的调整幅度为±5%，即 126～114 V 之间。离变电所最近的用户接收到的电压不应超过 126 V 交流电，离变电所最远的用户接受的电压不应低于 114 V 交流电。电力公司需要将配电电压调节为 124～116 V 交流电压。

过高或过低的电压影响用户的使用。低电压会导致电机过热甚至烧毁，高电压会导致灯泡烧毁等其他问题。调压器保证电力公司输出可控范围内、可接受带宽的电压。

与变压器相似的是，调压器装配了一个名为有载分接头（LTC）的电机驱动系统，使线圈连接处的分接头在不同负载条件下自动变化。

图 4－16 和图 4－17 分别为三相调压器和单相调压器。单相调压器可用于变电所或配电线路。

图 4-16　三相调压器

图 4-17　单相调压器(由 Alliant Energy 提供)

4.3.1　工作原理

调压器的调节范围为±10%，可以将变电所输出的配电电压上调 10%或下降 10%。空挡位置的两侧分别为上升端和下降端，各有 16 个挡位。有载分接头内有控制正电压和负电压的转换开关。常规变压器有 33 个挡位，16 个上升挡位，16 个下降挡位和 1 个空挡位置。图 4－18 为稳压器表盘的 33 个挡位。每调节一挡可变化初始配电电压的 5/8%，即 10%的 16 等分。

图 4－18　稳压器表盘

7200 V、±10%配电变压器有 33 个挡位。每一挡可以将初始配电电压上升或下降 45 V。计算方法为：7200 V×10%＝720 V，720 V/16＝45 V。

电抗线圈可以将原有 16 个线圈连接点的数量减半，并且允许调压器的输出接触器位于两个线圈的连接点之间，使分接头电压减半。图 4－19 显示了配有电抗线圈的分接开关机制。

线路调节器有时也可用于附近的远距离馈电线，以重新调节输送给变电所调压器下游用户的电压。线路调节器能够延长馈电线，满足较远距离客户的需求。

图 4－20 为调压器内部三相有载分接机制。图 4－21 是开关触点。

图 4－22 为载分接头变压器(LTC 变压器)。LTC 变压器结合了降压变压器和电压调压器的功能，可以节约成本。变压站通常需要两个 LTC 变压器，保证负载传递能力，维护调压器。

4

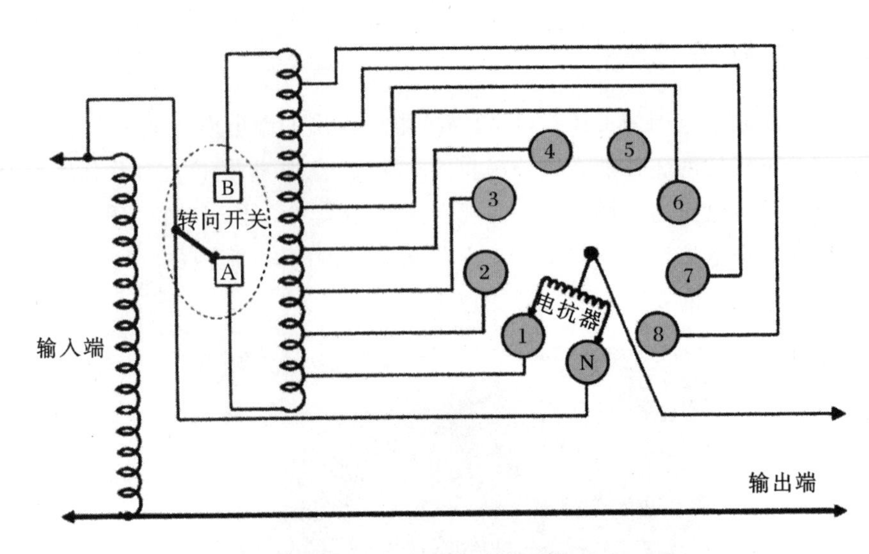

图 4-19 有载分接开关

图 4-20 分接开关

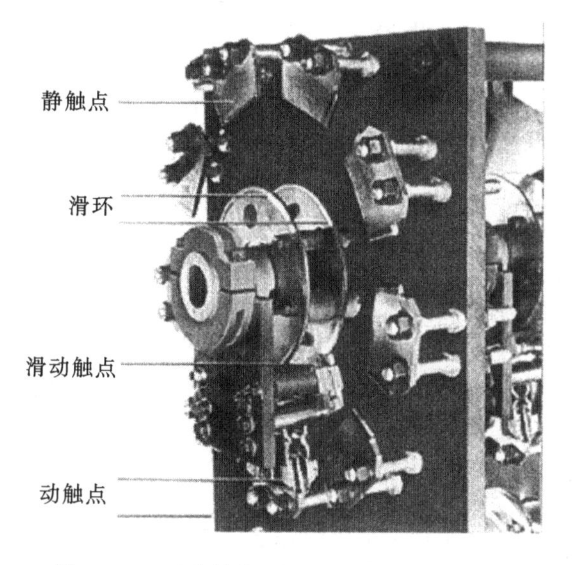

图 4-21　开关触点(由 Alliant Energy 提供)

图 4-22　带有载分接开关的变压器

4.3.2 调压器控制(选读)

电压调压器使用电子控制方案自动运行上升/下降分接头变换器。电压互感器(PT)将实际电压输入控制电路。电流互感器决定调压器负载量。控制电路负责监控电压水平,向分接头变换器的电机操作器电路发送指令,根据工程师预设的控制设定提高或降低稳定电压。以下内容将讲解常用的设定。

4.3.2.1 基极电压

基极电压是参考电压,作为变压器的基础输出电压,通常为 122 V。当电压互感器检测到输出电压高于或低于基础设定时,分接头变换器的电机会得到指令,将输出电压调节到基极电压带宽范围内。

4.3.2.2 带宽

基极电压带宽设定了电压容差。电压容差是指基极电压上下浮动的幅度。实际输出电压超过带宽设定时,调压器会调节分接头。常用带宽为 2 V。例如,如果基极电压为 122 V 交流电,配电电压升高到 124 V 交流电时会发送降低调节电压的指令;调节电压下降到 120 V 交流电时,有载分接开关会提高调节电压。

4.3.2.3 延时

延时可以防止瞬间电压改变引起的有载分接开关的损耗。例如,实际配电电压在预设延时(60 秒)范围内超出了带宽范围,电动分接头变换器将开始调节电压。

4.3.2.4 手动/自动

为保证处理相关设备时的安全,工作人员可以使用手动/自动开关停止调压器的自动控制。

4.3.2.5 补偿

补偿负责调节远程电压,补偿配电线路中预计会发生的电压降落。

4.4 断路器

断路器用于中断电线、变压器、总线或其他设备的电流。故障发生时,断路器关闭电源。正常负载电路,因断路或系统问题导致的故障电流,突发事件或干扰发生时继电保护设备引发跳闸断电等情况通常会中断电流。断路器通过机械移动分开灭弧室中的电触头,形成断路并产生电弧,产生的电弧随后被灭弧室中的高电介质抑制，达到灭弧的目的。保护继电器使用变电所的电池系统时会触发断路器开关使线路跳闸。

常用抑制断路器和断流器的电介质种类有：

- 油(纯净矿物油)
- 燃气(SF_6)
- 真空
- 空气

通常按照介质的不同对断路器分类，如油压断路器(OCB)、气路断路器(GCB)和电源断路器(PCB)。

相比保险丝，断路器可以自动开关，而保险丝断开电路后需要重新连接。另外，保险丝为单相设备，而断路器为同轴操作的三相设备，但保险丝不能中断幅值较大的电流。二者的共同点在于都可以在故障和跳闸后重启电路，支持远程操作，需要定期维护。

4.4.1　油压断路器

油压断路器中的纯净矿物油在断开的触点和停止的电流之间提供较高的阻力，达到灭弧的目的。图4-23为油压断路器。断路触点位于油箱内部，可以通过

图4-23　油压断路器

检查面板近距离查看断路触点的情况，判断是否需要维修。

油压断路器适用的系统电压范围较广。与空气相比，油的介电能力更强。套管保证在户外有较大导体间隙，在油覆盖部分保留较小导体间隙。油压断路器的缺点在于油泄漏会危害环境。此外，灭弧时产生的气体会污染油压断路器中的油，需要定期维护。使用过一定次数的油需要定期过滤或替换，保证较强的介电能力。

图 4-24 为单箱三相油压断路器的灭弧室触点。较宽的导体可以容纳空气部分，而较小的导体为油浸部分留出空间。断路器的运行电压较低，允许一个机箱内容纳三相线圈。

图 4-24 灭弧室触点

4.4.2 SF_6气路断路器

六氟化硫气路断路器的触点位于充满了六氟化硫气体的封闭灭弧室内。六氟化硫气体是不易燃烧的惰性气体，介电能力比油更强。惰性气体无色无味，较难形成化合物，可以保证灭弧室快速中断电路，需要设备空间相对较小。而缺点是其不稳定性，六氟化硫在－40℃时会液化，并且对气压也有要求。在寒冷天气，需要在灭弧室外部包裹加热器，保证气温和气压。图 4-25、图 4-26 和图 4-27 为 SF_6 气路断路器。

图 4 - 25　气路断路器

图 4 - 26　345 kV 气路断路器

图 4-27　161 kV 气路断路器
（由 Alliant Energy 提供）

图 4-28　真空断路器
（由 Alliant Energy 提供）

4.4.3　真空断路器

真空断路器在真空中断开触点消灭电弧。真空的介电能力弱于油气，但强于空气。真空断路器比空气断路器更小巧轻便，常用于系统电压低于 30 kV 的金属外壳互换机。图 4-28 是一个典型的真空断路器。

真空断路器的触点位于真空瓶内，触点断开时会中断额定电流，快速简便地消灭电弧。

4.4.4　空气断路器

空气的介电强度低于油和 SF_6 气体。空气断路器体积较大，常用于低压装置。图 4-29 为用于开关装置的 12 kV 空气断路器。

还有一种空气断路器，名为高压空气吹弧断路器，用于二次输电电压，能将压缩气流喷射穿过断路触点，从而熄灭电弧。目前空气吹弧断路器已经过时，多被替换停止使用。

图 4 - 29　空气断路器(由 Alliant Energy 提供)

4.5　重合器

重合器具有断路器的功能,并装备有基础系统保护继电设备,可以控制电源电路自动开关。重合器常用于配电系统。与传统断路器相比,重合器无需独立继电保护装置,具有明显的价格优势。

重合器的内置保护机电设备可以在特定的过电流条件下跳闸,并在规定时间范围内重启。在电路跳闸后的预设时间内,重合器会自动连通电路。重合器的自动重启功能可以停用。

重合器多用于配电线路(见图 4 - 30)上的断路器或故障电流较低的小型分站(见图 4 - 31)。重合器在闭锁装置开启前会反复跳闸和重接两三次。闭锁装置需要工作人员手动重置自动继电器才能恢复供电。如果在自动继电器开启前故障已经清除,继电保护将重置为序列的开始。重合器也可以手动跳闸,这样重合器可用做负载开关或分段器。

图 4-30 配电线路重合器(由 Alliant Energy 提供)

图 4-31 变电站重合器(由 Alliant Energy 提供)

4.6 隔离开关

在变电所和输电线路上安装的隔离开关具有多种功能，可以方便维护隔离线路或将设备断电，按照计划或因突发事件转移负荷，根据OSHA要求为防止意外通电造成安全隐患而为维护人员提供可视窗口等。与断路器相比，隔离开关低电流中断额定值较低。由于断路器具有较高的电流中断额定值，断路器最先断开电线，其次为空气隔离开关。

4.6.1 变电所

变电所隔离开关有多种，如垂直断路和水平断路。隔离开关通常批量运行，批量运行意为用操作装置控制所有三相。底部的控制手柄决定空气隔离开关的开启关闭状态，由安装在控制棒上的电机操作机制远程控制。图4-32为垂直隔离开关，图4-33为水平隔离开关。

图4-32 垂直隔离开关(由Alliant Energy提供)

图4-34所示的隔离开关使用带有弹簧装置的电弧杆，协助小电流生成的纯净电弧，在开关主要触点开启时触发电连接。弹簧装置也被称为鞭或角。电弧杆可以提高开关的电流运行评级，虽然不足以支持正常负荷，但可以开启较长的非负荷电线，或进行并联负荷转移操作。电弧杆价格低廉，便于更换。

图 4-33　水平隔离开关(由 Alliant Energy 提供)

图 4-34　电弧杆

4.6.2 线路开关

线路隔离开关常用于隔离线路，或在电路间转移负荷。图 4－35 为二次输电线路开关，使用真空瓶中断轻负载电流，从而达到灭弧的目的。

图 4－35　线路开关

4.7 避雷器

避雷器可以限制雷电发生及其他瞬变过电压时的线对地电压级别。老式缝隙型避雷器的工作原理是引起线路或设备短路，使断路器跳闸，断路器重合后瞬变电压消失。避雷器用于保护设备免于受到瞬间高压的损害。

假设具有 7.2 kV 的相电压系统上安装了 11 kV 避雷器，如果相电压超过了 11 kV，避雷器将自动启动。配电系统内的设备会承受 90 kV 的跳火。避雷器可以限制高压瞬变，避免绝缘不良的设备受到跳火的损害。

新型避雷器采用无间隙金属氧化半导体材料限制电压，可以提供更好的电压控制，具有更高的能量耗散特性。

除了按照电压等级分类，避雷器也可按耗能进行分类。避雷器会一直消耗能量，直到断路器中断线路。站级避雷器（见图 4－36）是体积最大的一种避雷器，消耗的能量也最多，通常临近大型变电所及变压器。分布级避雷器（见图 4－37）分布在整个配电系统中的高雷电活动区域，例如配电变压器旁、地下过渡结构顶端、长途配电线路沿线等地。中间级避雷器通常用于较少短路电流的变电所。辅助级避雷器可以帮助居民和小型商户保护大型电机、敏感电子设备及其他对电压冲击敏感的设备。

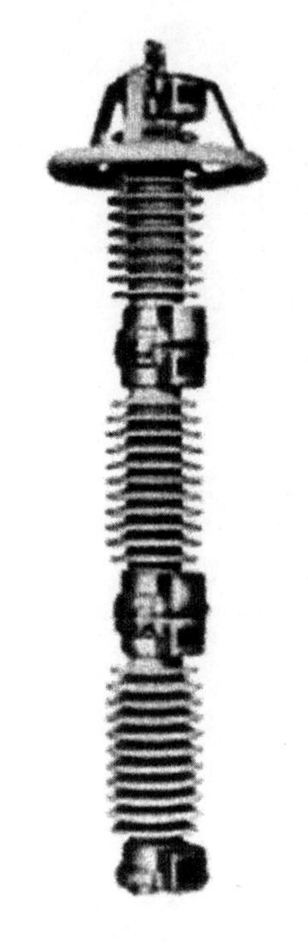

图 4-36　站级避雷器
（由 Alliant Energy 提供）

图 4-37　分布级避雷器
（由 Alliant Energy 提供）

4.8　电气总线

变电所的电气总线连接所有设备，是两个或多个电路的共同连接。总线由绝缘柱支撑，绝缘柱是总线结构的一部分。总线为 3～6 英寸硬质铝管或铝线结构的导体，两端有绝缘体，又称应变总线。

母线支撑结构为支撑带电导体及绝缘体的结构钢，内有空气隔离开关。部分总线允许将电能在不同馈线内传输，并在维护时绕过设备，为设备断电。

图 4-38 为变电所中的总线支撑结构。

图 4-38　电气总线

4.9　电容器组

电容器可提高电力系统的运行效率，在受到干扰时维持传输系统电压。电容器能够抵消电机和变压器的滞后电流带来的影响，也能降低系统损耗，提供电压支持。同时，电容器可以降低通过电线的总电流，为额外电能保存更多容量。

电容器组可保证持续在线或改变开启关闭状态，满足稳定状态下无功功率的需求。部分电容器组也可根据季节开关，用以满足季节性用电需求，如夏天空调的用电负荷等，或针对工业用电每日进行调整。

电容器组的切换有多种方式，如手动、自动、远程或本地。系统控制中心的操作员通常根据负载要求或系统稳定需求开启或关闭电容器组。电容器的按需调整可以维护良好的系统电压，并减少系统损耗。

4.9.1　变电所电容器组

图 4-39 中有两个变电所三相电容器组。右侧的垂直断路器为变电站电容器组提供开关。

图 4-39　变电站电容器组

4.9.2　分布电容组

安装在配电线路上的电容器组可以减少损耗，提高电压支持，并为配电系统提供额外容量（见图 4-40）。电容器也可以减少传输损耗，因此降低配电系统损耗的效果显著。

图 4-40　配电电容器组

电容器需要尽可能地接近电感负荷。如果电容器安装在工业用电的电机终端，可以减少电机供电线损耗、配电损耗、传输损耗及发电损耗。

4.10 电抗器

电抗器是单绕组变压器的一种，又名高电压感应器。电抗器具有两个优点。首先，电抗器用于并联配置或相连接，吸收发电过程中和线路充电过程中多余的无功功率，调整传输系统电压。线路充电描述的是远距离传输线路的电容效应，也可理解为细长型的电容器，通过空气电介质分离两个导体。其次，电抗器串联连接，可以减少配电线路中的故障电流。

4.10.1 并联电抗器——传输

并联电抗器可以改进远距离高压传输线路的电特性和性能。并联电抗器用于传输线路，调整或平衡无功功率接入系统，并能吸收多余的无功功率。电抗器通常在重负载时断开，在低负载时连接。所以在深夜或凌晨等轻负载时段传输线路电压即将升高时，电抗器会开启。并联电抗器在重负荷时段开启，以提高系统电压。

并联电抗器还可用于降低通电时的传输线路电压。假设为 200 英里长、345 kV 的输电线路通电，远距离传输线路的线路充电效应会引起远端电压升至 385 kV。线路远端的并联电抗器可以将远端电压降低为 355 kV。降低的远端电压会引起瞬时低压，使断路器关闭，将传输线路与系统相连，允许电流通过。当线路通电后，并联电抗器会断开，保证电压平衡。

图 4－41 为 345 kV、35 MVAR 三相并联电抗器，可用于调整轻负载时期及远距离输电线路通电时的传输电压。

4.10.2 串联电抗器——配电

配电变电所也会利用串联电抗器减少故障电流。变电所的配电线路有多条传输线或与发电站临近，配电线路出现故障时，会产生极高的短路故障电流。在每条配电线路的每一相中使用串联电抗器，较高电流通过电抗器时会产生磁场，从而降低故障电流。在电流升高产生磁场前，断路器会触发配电线路，否则，高故障电流会损坏用户的电气设备。

图 4-41　电抗器

4.11　静态无功补偿器

静态无功补偿器(SVC)用于交流输电系统,可控制功率,提高电网的稳定性,降低系统损耗(见图 4-42)。SVC 能控制电力系统注入或吸收的无功功率,进而调节终端电压。SVC 包含几个电容器和电感器(或电抗器),以及一个电子开关系统。这个开关系统可以提高或降低无功功率支持。当系统电压较低时,SVC 产生无功功率,又称 SVC 的电容;当系统电压较高时,SVC 吸收无功功率,又称 SVC

图 4-42　静态无功补偿器(图片来源:杰夫塞尔曼)

电感。无功功率的变化是通过切换三相电容器组和电感器组实现的。电容器组和电感器组位于耦合变压器的次级侧。

4.12　调度室

大型变电所常配备调度室，用于存放变压器、线路和总线等变电所设备，方便监控、控制及保护。图 4－43 为调度室内部，其中包括继电保护、断路器控制、计量、通信、电池和电池充电器。

图 4－43　调度室内部

保护继电器、计量设备和相关控制开关通常安装在继电器机架或调度室内部的面板上。面板还包括状态指示器、事件顺序记录器、系统控制通信的计算机终端及其他需要监控环境因素的设备。电压互感器和电流互感器的外部设备电缆也需要连接到调度室的机箱或继电器面板上。

调度室需要控制的环境因素包括照明、采暖、空调，以保证电子设备的可靠运行。

重要事件顺序记录器(SOE)需要准确跟踪记录在系统干扰发生前、中、后的所有变电所设备的操作。每个操作都标记有高度精确的卫星时钟时间戳，以便后续分析。内容包括继电器操作和断路器跳闸信息，记录器生成电子数据文件或纸质记录。这些信息会与其他变电所的相应信息进行对比分析，判断运行的正确与否。用户可以分析电力系统干扰的内部关系，以确定设备是否正常运行，需要怎样改进。

4

4.13 预防性维护

有多种方式可进行电力系统的预防性维护，其中维护方案、现场检查、日常数据收集和分析等措施较为有效。更为有效的方式是预测性维护，或称“状态检修”。状态检修是指基于测量或计算的需要进行维护，而不是按照计划进行。预测性维护可以发现潜在的严重问题。红外扫描和溶解气体分析是两种较为有效的预测性维护方式。

4.13.1 红外技术

红外技术可以显著改善维护程序。对温度敏感的摄像机可以用于识别热点或较热硬件。这里提到的“热”是指多余的热量，而不是通电设备的产热。比如，松动的连接器在红外扫描器中非常显眼，提示连接器出现了问题。相比周围的硬件，松动的连接器温度非常高。高温热点必须立刻处理以防发生故障。

红外技术是一种非常有效的预测性维护技术。多数电力公司都使用红外扫描程序，可以扫描的设备类型包括地下、高架、输电、配电、变电所和消费服务。红外扫描是有效的预防性维护方式。

4.13.2 溶解气体分析

溶解气体分析法(DGA)是一种非常有效的预测性维护手段，可以判断变压器内部条件。定期从关键变压器提取少量油样可以进行准确跟踪和趋势分析，判断变压器的电弧、过热、电晕、火花等。这些问题可能会导致油中生成少量气体。特定问题会产生对应的特定气体，通过气体的类型可以判断变压器内部出现了哪种问题。例如，如果发现异常高水平的二氧化碳和一氧化碳气体，包裹在变压器线圈的铜线外部的绝缘纸可能温度过高。乙炔气体表示变压器内部可能产生了电弧。

定期采样是与以往的气体样品进行对比分析、趋势分析的过程。气体的百万分之一(PPM)的变化即可视为显著变化，可作为变压器内部存在问题的指示。发电机升压或传输变压器等重要变压器有专门的监控设备，半年采样一次。重要级较低的变压器的采样频率为一年或两年一次。

一经确定变压器出现气体问题，应立刻停止使用，并进行内部检查。部分问题可以现场修复，例如套管或跳线连接松脱造成的温度过高，拧紧即可解决问题。维修后仍然不能解决的问题，需要重新组装变压器。变压器的维修虽然昂贵耗时，但是在危害可控阶段进行维修，成本远低于造成重大事故后的维修。

第 5 章 电力配送

学习目标

√ 解释地上和地下配送电力系统的基本概念。
√ 讨论配电馈电线如何辐射状工作。
√ 讨论 Y 型和 Δ 型接地配电线路和支线。
√ 探讨 Y 型连接和 Δ 型连接的优缺点。
√ 解释三相变压器组的连接。
√ 解释配电变压器如何产生 120/240 V 交流电压。
√ 描述不同的地下系统配件。
√ 解释二级服务线路连接。

5.1 配电系统

如图 5-1 所示，配电系统负责将电力从配电变电站传输到居民、商业、工业消费设施的服务入口设备。在美国，大多数的配电系统工作在 12.5～24.9 kV 的一次电压范围内。还有一些配电系统工作在 34.5 kV，一些低压配电系统工作在 4 kV。这些低压配电系统会被逐步淘汰。配电变压器将一次电压转变为二次消费电压。本章讨论从变电站到消费端之间的配电系统。

5.1.1 配电电压

表 5-1 为在北美使用的不同的配电系统电压。这个表里的电压不是绝对的，一些电力公司可能设计不同的系统电压。

图 5-1　配电系统(图片来源:Fotosearch)

表 5-1　普通配电电压

系统电压	电压等级	规范电压(kV)	电压类别
次级	600 以下	0.120/0.240/0.208	低压(LV)
		0.277/0.480	
配电	601—7200	2.4—4.16	中级电压(MV)
	15000	12.5—14.4	高压(HV)
	25000	24.9	
配电或二次传输	34500	34.5	

系统电压是一个术语,用来确定转变成二级电压或是一级配电系统电压的参考。居民、商业和小型工业负载通常使用低于 600 V 的电压。制造业使用标准绝缘线路,使其具有最大 600 V 的交流电压等级,以供“下一级”的服务。例如延长线之类的交流电线有 600 V 交流电压隔绝等级。除了改变任意一端的插头插座,我

们可以在这根电线上使用 240 V 交流电压。

34000 V 的交流系统电压应用在不同的电力公司。一些电力公司使用 34.5 kV 的配电系统电压接至服务变压器,用来向消费端提供二级电压。而其他一些电力公司则在配电变电站之间使用 34.5 kV 电力线,而不是用于消费端。

工业中常用一些介于下一级和 34.5 kV 之间的配电系统电压。例如很多电力公司使用 12.5 kV 的标准配电系统电压,而一些则使用 25 kV。还有电力公司使用 13.2 kV,13.8 kV,14.4 kV,20 kV 等。一些地区仍然使用 4.16 kV 系统电压。这些低压配电系统很快会因高损耗和短距离传输能力被逐步淘汰。

配电系统的电压种类通常为高电压(HV),通常设施方会将 HV 高压警示标语放置在电线杆和其他附属电力设备上。

5.1.2 配电馈线

如图 5-2 所示的配电线(有时叫做馈电线)一般呈放射状连接到变电站之外。放射状意为只有输电线路的一端与一个源端连接。所以电源末端开路(如去激励)后,整个馈电线路也将去激励,使得连接至该馈线的电力用户供电中断。

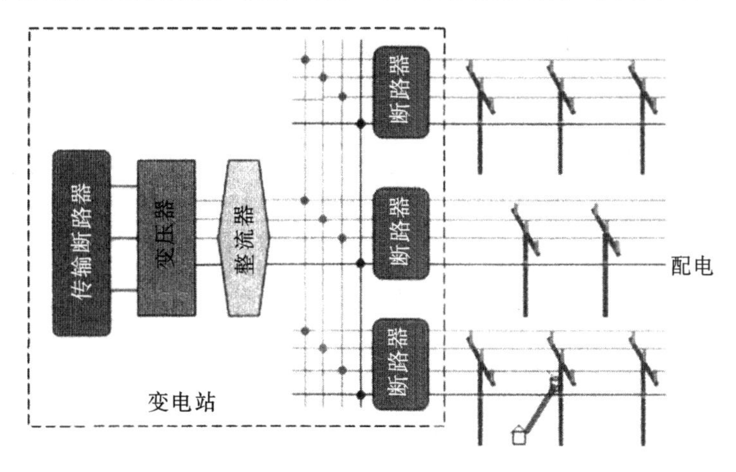

图 5-2　配电馈电

变电站的输电线路一端一般有多条输电线路,在这种情况下,单根输电线路的损耗不会导致变电站能量变小,所有辐射状的配电馈电线路应该仍有电力源能力服务所有电力用户。这个词是“应该”。通常,系统防护继电器控制变电站中断路器的切换操作。很少会有系统防护继电器设备失效和断供情况的发生。

配电馈电线路可能会在整条线路上有一些未连接的开关。当工作在线路或其他高压设备上时,出于安全因素的考虑,这些分布在馈电线、供维修用的线路间绝缘区和通用开路上的未连接的开关仍有负载传输能力。即使整个配电系统中可能有一些线路和未连接的开关连在一起,整个输电线路仍呈辐射状馈电连接。

5.1.3 Y 型和 Δ 型馈电连接线路

这一小节依次比较两种主要的配电馈电结构,分别是图 5-3 的 Y 型和图 5-4 的 Δ 型。大多数三相配电馈电和变压器连接使用 Y 型系统。因为它的好处大于劣处。虽然也有 Δ 型配电系统,多数的 Δ 型配电已经用 Y 型替代。

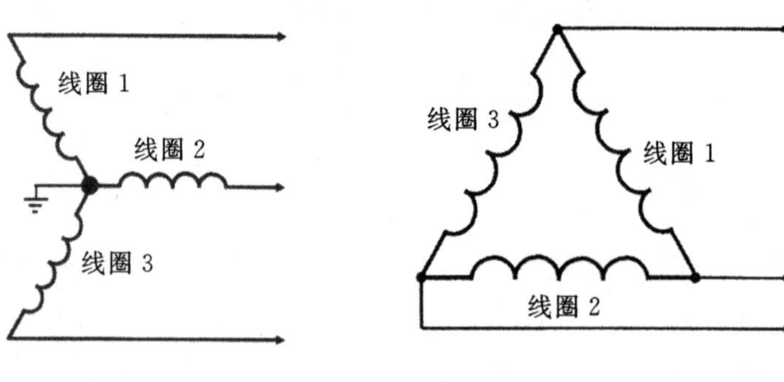

图 5-3　Y 型连接　　图 5-4　Δ 型连接

Y 型连接由三个线圈的各自一端共连在一起,形成一个中性不带电端,每个线圈各自有一根电线。多数时候这个中性不带电端是接地的。接地意为这三个电线连接在一起,并共同与接地棒、原中性点或接地网相接。接地系统有较低阻抗与大地相连。接地也给大地提供了电压参考;在 Y 型连接中,这个中性端参考电压为 0 V。(第 9 章详细阐述了接地的知识,包括一些与正确接地相关的安全事宜。)

地球表面大多数时候是导电的。根据不同土壤的类型(肥沃的土壤或花岗岩)和土壤的条件(潮湿或干燥),大地可以是一个很好的导体或是很差的导体(很好的绝缘体),或者依据季节的不同具备这两种特性。将一个配电电力线路与中性 0 V 参考电压可靠接地,可以改善如安全、电压稳定度和系统设计的保护等多个方面的因素。

关于 Y 型和 Δ 型连接和配置参考有很多应用。首先是配电变电站,Y 型或 Δ 型馈线应用在变电站配电变压器的低压端(多数是 Y 型接地连接)。接下来的配电馈电线路也可以是 Y 型或 Δ 型(多数是 Y 型,显示为一个四线制电力线,有线路间电压和线路至零端电压)。每个服务用户都有三相服务变压器,用来为变压器组的高压端和配置的低压端做参考(通常采用的标准是 Y 型—Y 型配置的配电变压器组)。正确将一个三相负载连接至配电系统,需要了解负载设备与每个不同类型的生产商(Y 型或 Δ 型)的连接方法,以及配电线路的配置方法(Y 型或 Δ 型)。

有多种方法配置三相设备，而最优的方式是将四线 Y 型设备接入到位于四线 Y 型系统上的四线 Y 型—Y 型配电变压器上。这种组合形成了较为常见也较为优化的中性接地系统。

Y 型和 Δ 型配置在连接到输电线路和配电系统中时都有较为明显的优缺点。输电和二次输电系统一般建造成三相、三线制线路。输电线路的末端连接 Δ 型或源端接地的 Y 型变压器，“源端接地的 Y 型”连接意为变电站里的输电变压器是一个四线 Y 型变压器，有三相连接到电线导体上，而其零端与变电站的接地网相连。注意输电线路没有零端。在输电线路上不提供零端的原因是所有三相被认为已经具有平衡电流，当电流平衡时在零端导体上没有电流流动。而到了配电线路时，大多数系统使用 Y 型接地连接，通常零端有电流存在，这是因为三相电流大多没有平衡。三线制 Δ 型配电线路最初存在于农村地区，在那里没有零端。这些线路易受大地杂散电流和杂散电压的影响，因为大地起到平衡电流的作用。配电系统比较优化的使用标准是 Y 型配置。

从配电系统的远景考虑，下面讨论主要的优缺点。

5

5.1.3.1　接地 Y 型配置的优点

- 共同的接地参考。电力公司的主要配电零端都与大地相接，服务变压器与大地相接，用户的服务接入设备也是接地的，所有这些具有共同的电压值参考。
- 更好的电压稳定度。共同接地因为其电压参考的恒定能改善电压稳定度。这也提高了电力质量。
- 更低的操作电压。设备以“线路—零端（L－N）”方式接入而不是以有更高电压的“线路—线路（L－L）”方式接入。
- 更小的设备体积。因为设备是以低压（线路—零端而不是线路—线路方式）接入，套管、空间和隔离等要求都可以做得更小。
- 可以使用单套管变压器。因为变压器的一端绕线接至大地零端（地线），这种连线方式同样需要一个套管。而单套管变压器内部有一端与零线相连。
- 更易检测线路—地端的失效。假如一个相位导体掉在地上，一棵大树与一个相位连通等情况发生时，在地零端的短路过电流会使流向变电站的电流急剧增加。所以，在变电站使用与变压器地零端连接的电流变压器（CT）就能够测量地零端的过电流条件，从而判断在配电馈电器上是否发生了线路—地端的故障。这个过电流条件会重新启动引导信号到断路器的馈电端。（注意：在 Δ 型配置中，没有真正的接地零端，这会更难检测到线路—地端的故障。）

- 使用保险丝有更好的单相防护效果。变压器上的保险丝和配电馈线侧面延伸的保险丝可以比Δ型配置上的保险丝更有效地清除故障。因为Δ型配置是将设备连接到线路—线路间，所以任何一个线路—零端间的故障可能烧坏一个或更多的保险丝。因此Δ型电路上的保险丝可能会疲劳工作，其他相的故障也可能损坏这些保险丝。所以如今在Δ系统中普遍使用单相防护效果的保险丝来代替所有三个保险丝，以防止由于线路—零端故障时损坏一个或多个保险丝。

5.1.3.2 接地Y型配置的缺点

- 需要四个导体。Δ系统只要求对于三相电力配有三个导体。这是Δ配置的优点之一，它使得美国早期令人振奋的进程中大多数的输电线路由Δ配置建成。今天由于Y型连接的众多优势，这些电力系统已经转变为四线制的Y型配置。

5.1.3.3 Δ配置的优点

- 只需要三个导体(降低了构造成本)。
- 增强电力质量。由于没有零端，减少了三次谐波。换言之，60 Hz的正弦波本身更干净。相位之间120°的偏移会消除掉不想要的干扰电压。
- 防雷性能。也许有人会说，有时Δ配置中与地端隔绝的导体配置将系统中的雷电效应减低到最小程度。然而Δ系统中的避雷针仍与零端相连。

5.1.3.4 Δ配置的缺点

- 无地端参考。服务电压可能没有那么稳定，保险丝防护可能没那么有效，可能还会有更多的电力质量问题。
- 杂散电流。当配电电压器的低压次变电压一端接地时，可能会有流向大地的杂散电流。虽然配电变压器的初变电压一端没有接地，次变电压一端是接地的。所以会有虽然很小但可测量的电压不经意间与大地相连，从而导致杂散电流产生。
- 不平衡的电流。三相变压器组可以调节或均衡初相电压。在这些变压器上的Δ型连接具有一致的翻转变换频率，使得初相电压得以均衡。这样会产生额外的杂散电流，或在馈电线路之间产生不平衡的电流。

比较所有的优缺点，可见多个接地零端和四线制的Y型配置馈电线路是更为优化的方法。绝大多数的Δ型配电线路已经被接地Y型系统代替，但一些Δ系统依然存在。对电力公司而言，最好在所有的配电系统中使用接地Y型系统。然而将Δ型替换成Y型需要增加一个导体的成本，替换可能是一个缓慢的过程。

5.1.4　线路—地端与线路—零端电压(选读)

接地 Y 型系统有两个可用的电压。这两个电压在数学上的关系是$\sqrt{3}$。设备可以以“线路—线路”端(L－L)或以“线路—零端”(L－N)的方式连接。L－N 端的电压差比 L－L 端的电压差小。L－N 端的零线一端通常以接地棒或接地线与大地连接。低压的 L－N 连接通常连在一起，这样配电电力在 Y 型配电系统中被更加高效地传输，而用户变压器都与低压电源相连。

例如，12.5 kV 的 L－L 端配电系统具有 7.2 kV 的 L－N 端电压，以用于变压器连接(12.5 kV÷$\sqrt{3}$＝7.2 kV)。

这里的“线路”可与术语“相位”交换。“线路—线路”端也可以表述为“相位—相位”端。同样“线路—零端”也可表述为“相位—零端”。

5.1.5　空中的 Y 型主网络

如图 5－5 和图 5－6 所示，Y 型连接的主配电线路包含三个相位和一个零端。大多数系统中的每一根电线杆的零端都是接地的。(注意：一些乡村地区的接地 Y 型系统可能遵循本地的接地政策，即每英里最小 5 个接地点，而非每根电线杆都有

图 5－5　Y 型配电

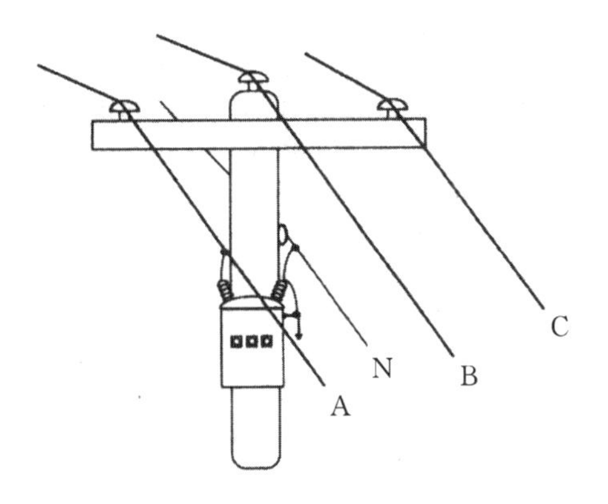

图 5－6　Y 型三相馈电线(由 Alliant Energy 提供)

一个接地端。)我们可以通过单相变压器与线路连接的方式来识别一个Y型主配置。变压器的一根套管必须接地。检查与变压器套管连接的电线可以识别该变压器是以线路—地端连接还是线路—线路连接。一些Y型连接的变压器只有一个高压套管。这时主线圈的零端在内部连接于接地接线插头上,这些接地接线插头又与主零端相连。(特别注意:单相变压器可以连接在线路—线路端,它们不必一定要连接在线路—零端。实际上这也是把Δ配电线路改造成接地Y型线路时的常用做法。线路—线路端的变压器依然按照线路—线路端的连接方法使用。)

如图5-7所示,从Y型主配电系统的一侧分叉出来的单相馈电线路通常含有一个相位的导体和一个零线的导体。在分叉点的零线会接地,并在这一侧上始终接地。注意:一个始终接地的零线端称为多地零端(MGN)。图5-8显示的是一个一侧单相连接的变压器。

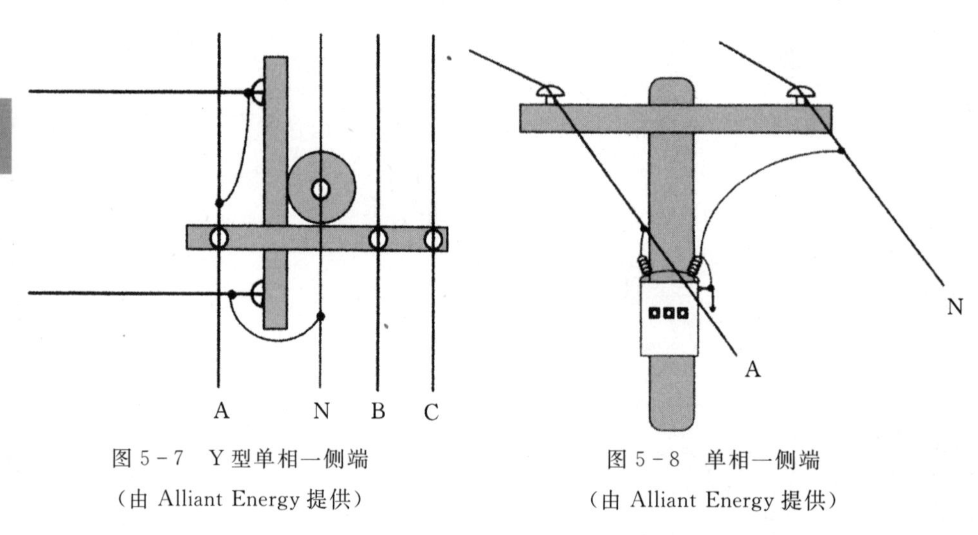

图5-7 Y型单相一侧端
(由 Alliant Energy 提供)

图5-8 单相一侧端
(由 Alliant Energy 提供)

5.1.6 Δ型主网络

Δ型主配电线路使用三个导体(每个相位一个导体),没有零线端。单相变压器必须有两个套管且每个套管须直接与不同的相位连接。因为主Δ型结构没有主零端,变压器的地端和避雷针的地端必须用一根电线杆一侧的地线连接于位于电线杆底部的接地杆上。Δ主配电系统和侧面的保险丝都要求单相的变压器以相位—相位的方式互连。图5-9至图5-12均为Δ型主配电线路。单相的Δ型侧面有两个相位的导体,没有零端。

图5-9　Δ型配电线路

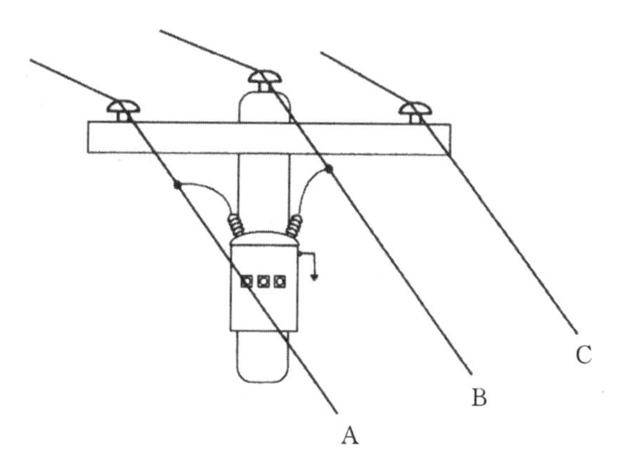

图5-10　Δ型三相馈电线(由 Alliant Energy 提供)

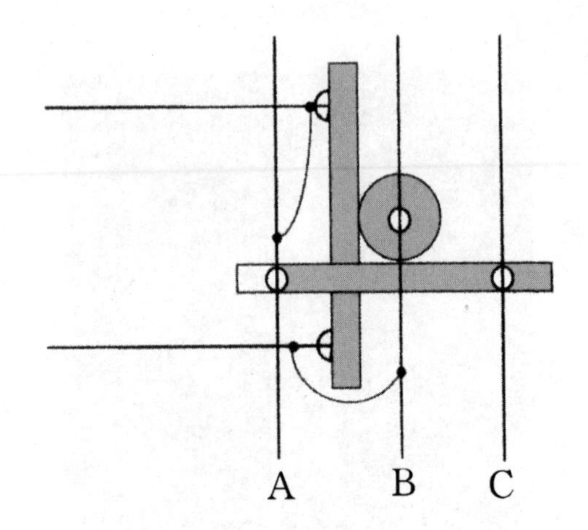

图 5-11　Δ型单相侧面图(由 Alliant Energy 提供)

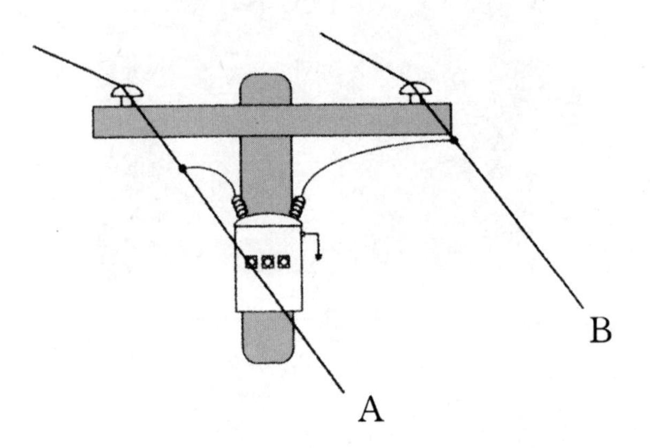

图 5-12　单相侧面图(由 Alliant Energy 提供)

5.2　变压器连接(选读)

本小节讨论最常用的变压器配置:相位—零端(即线路—地端)连接用于单相连接系统,Y 型—Y 型连接用于三相变压器组连接。配电变压器最常用的连接,无论单相或三相,都是相位—地端(即线路—地端)连接。图 5-13 为一个单相变压器设备。

图 5-13 变压器的连接

5.2.1 配电变压器:单相

由于标准的居民服务电压为 120/240 V 交流电,大多数配电变压器具有在次级或低压端能够产生 120/ 240 V 交流电的转换匝数比。配电变压器的次级端套管有电线连接至用户的服务接口设备处。

5.2.1.1 变压器二级连接:居民用电处

为了给居民用户产生两个 120 V 交流电的电源(即 120 V 交流电和 240 V 交流电服务),配电变压器有两个次级线圈。

图 5-14 显示一个配电变压器的次级端如何产生 120 V 交流电和 240 V 交流电的服务电压。图 5-15 给出了变压器的连接。这是给居民用户最为标准的连接配置。这个单相变压器有两个 120 V 交流电低电压端,这两端电压级联并与中间的零线端连接。这个变压器为居民用户提供 120/240 V 的单相用电服务。注意这两个次级线圈依次级联。

注意套管的命名。H1 和 H2 标示了高压端的连接(如套管),X1 和 X2 标示了低压端的连接(如套管)。这些标识在所有电压类型,包括超高电压的变压器上都是通用的。

例如,假设配电馈电端的线路—线路段的电压为 12.5 kV,所以其对于线路—

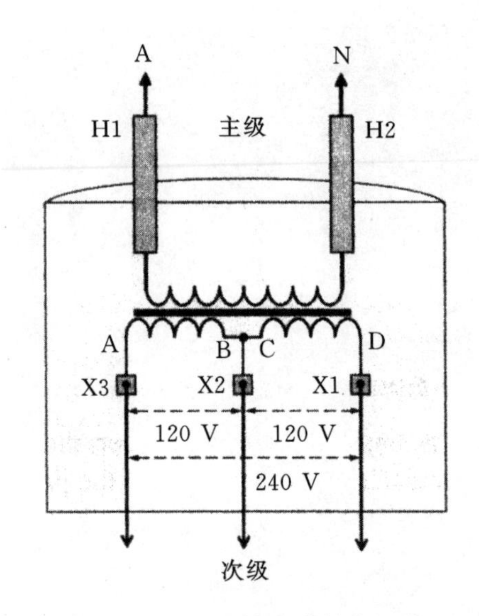

图 5-14 标准的两套管变压器

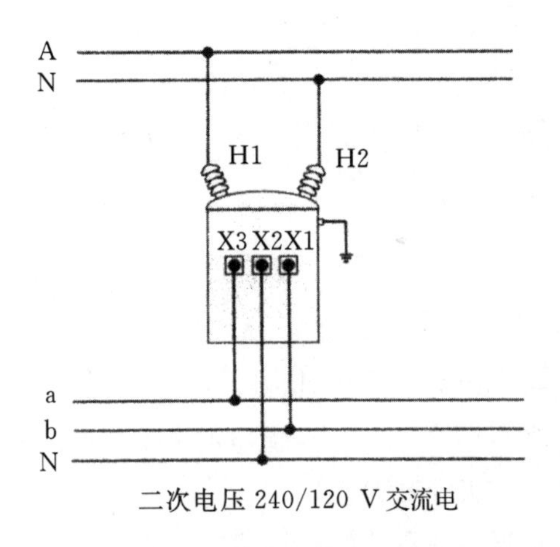

图 5-15 两套管变压器连接(由 Alliant Energy 提供)

零端电压为 7.2 kV(即用线路—线路端电压除以$\sqrt{3}$)。若使用两个次级线圈,每个线圈匝数比为 60∶1 的变压器,可将次级电压变为 120 V(7200 V 除以 60)。这两个次级线圈合起来产生 240 V 电压。

5.2.1.2 单相一个套管的变压器

图 5-16 也为一个单相变压器,但它的高压端只有一个套管。初级线圈的一端与零端连接(见图 5-17),这是在内部连接的。这就是单套管变压器。它有个与零

端或地线连接的连接片。在一些变压器中,X2 套管也在内部与地线连接。

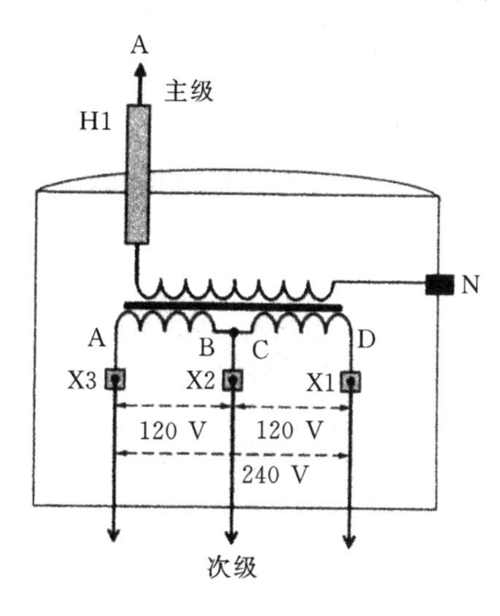

图 5-16　标准单套管变压器

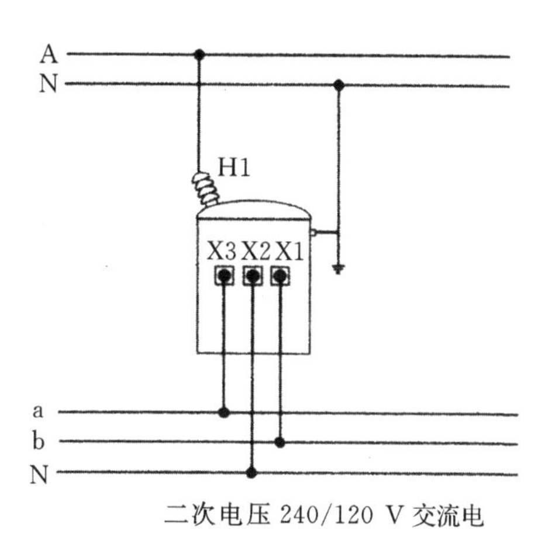

图 5-17　单套管变压器连接(由 Alliant Energy 提供)

5

5.2.2　配电变压器:三相

三个单相的变压器用来产生商业和工业用户的三相服务。小型的商业和工业用户通常使用 208/102 V 的三相交流电压。大型的商业和工业用户通常使用 480/277 V 的三相交流电压。本小节讨论三相服务电压是如何产生的。图 5-18 为一个典型的三相变压器组。

图 5-18　三相变压器组

5

5.2.2.1　变压器的内部连接

标准的单相配电变压器须在内部加以配置，用来只产生 120 V 交流电，而非用做三相变压器组时产生的 120/240 V 交流电。图 5-19 和图 5-20 为在变压器内部将三个端子中的其中两个端子连接至两个次级线圈上，用来产生只有 120 V 的交流电压。这些变压器只提供 120 V 电压。图 5-20 所示的结构是电力公司更愿意采用的，因为这种结构与在中央次级零端的套管处连接一个标准的 120/240 V 变压器的连接方式完全类似。

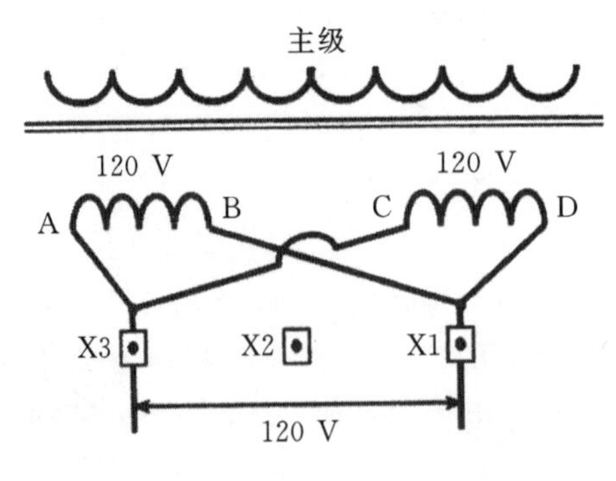

图 5-19　变压器组连接方式一

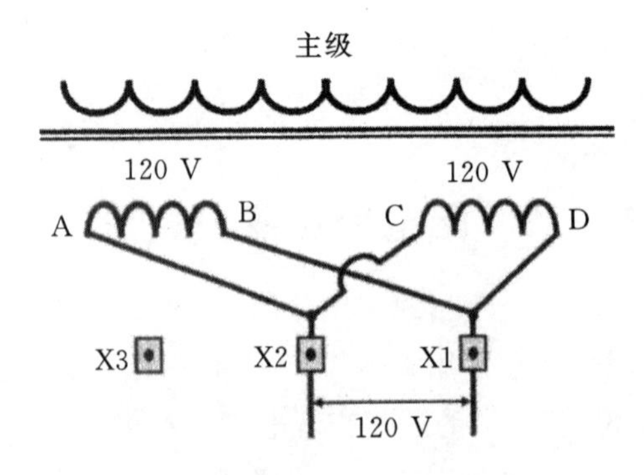

图 5-20　变压器组连接方式二

5.2.2.2 标准的三相 Y 型—Y 型变压器组(208/120 V 交流电)

三个单相的变压器连接起来组成一个变压器组。图 5－21 为最普遍采用的三相变压器组配置(Y 型—Y 型)。

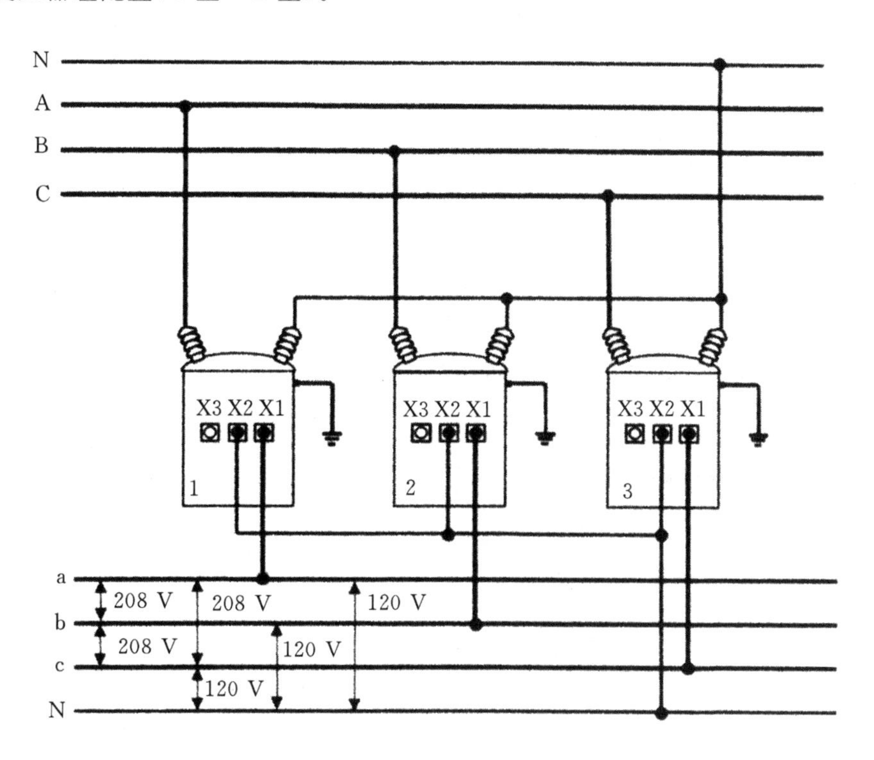

图 5－21 208/120 V 交流电，三相 Y 型—Y 型连接线路(由 Alliant Energy 提供)

5.2.2.3 标准的三相 Y 型—Y 型变压器组(480/277 V 交流电)

大型用户要求使用 480/277 V 交流电的三相电力。关于依照当前三相 480/277 V 交流电的 Y 型—Y 型标准的三相变压器配置如图 5－22 所示。那些拥有大型发电机、多层建筑、许多照明等设备的大型工业用户通常要使用更高的 480/277 V 交流电的服务用电，而不是低一些的 208/120 V 交流电服务电压。(请再次注意：更高的电压系统在传输相同电力的情况下会有更低的电流、更小的电线，从而损耗更小。)

5.2.2.4 Δ 型连接

Δ 型—Δ 型、Y 型—Δ 型和 Δ 型—Y 型配电变压器组的配置和标准的 Y 型—Y 型配置不同，所以不在本书的讨论范围之内。

5

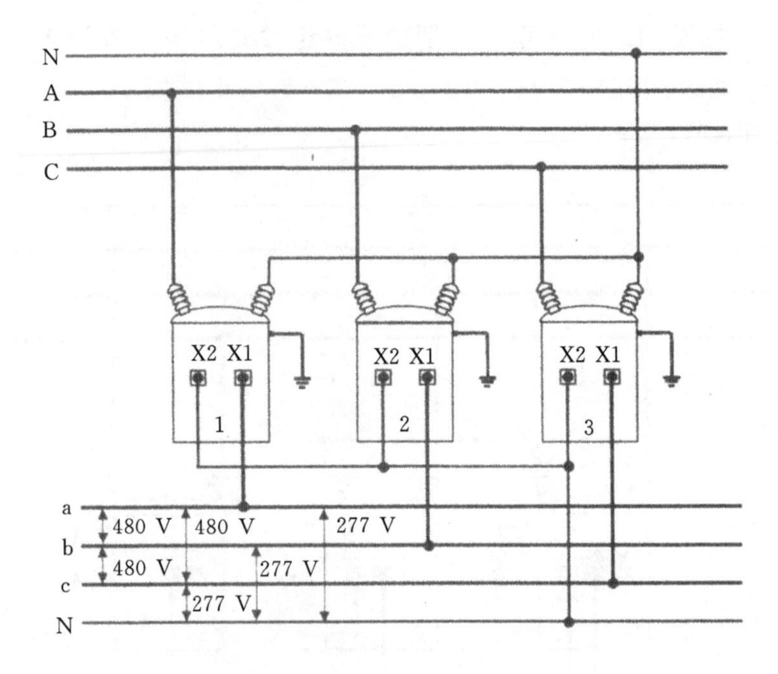

图 5-22　480/277 V 交流电，三相连接线路

5.2.2.5　防潮包装的变压器

那些使用 480/277 V 交流电的用户通常会要求在他们的设备中使用防潮包装的变压器，以向电力标准插座提供 208/120 V 的交流电压和向其他基本设施提供 120 V 交流电的服务。防潮包装意味着在变压器里没有绝缘油。这些防潮包装的变压器通常放置在门上贴有高压警告标识的储藏室或是小房间里。图 5-23 即为一个带有防潮包装的变压器。

图 5-23　防潮包装的变压器(由 Alliant Energy 提供)

在大型电力用户中，多数的大型发电机负载（如电梯）使用三相 480 V 的交流电压。大型照明系统使用 277 V 交流电的线路—地端的单相电力。所以只有基本的 120 V 负载使用防潮包装的变压器。

5.3　保险丝和保险器

使用保险丝的目的是当有过激电流发生时，阻止电力流向用户设备，以及当短路和电源故障发生时，保护设备不受破坏。如图 5－24 所示的保险丝，当流过该保险丝的电流超过最大持续电流值时，该保险丝会断开其上的电流。当电流超过最大值时保险丝会短时间熔断。超过的电流值越大，保险丝会越快熔断。

图 5－24　配电线路保险丝

图 5－25　熔丝保险器（由 Alliant Energy 提供）

如图 5－25 所示的熔丝保险器是在配电系统中最常用的防护设施。它们用来保护配电变压器、地下馈电线路、电容器组、PT 和其他设备。当熔断时，这个熔丝保险器变为开路，并给线路操作人员提供断开的标志。图 5－26 为绞合的门已断开并下垂的保险丝。有时门不会断开，其仍是完整的，这是由于冰、盐雾的腐蚀或其他器械操作的影响。如果线路中断，巡逻的线路操作人员通常可以在远处看到已熔断的保险丝。

比较保险丝和断路器，断路器可以重复地开启或关闭线路，而保险丝一旦熔断造成线路开路就必须替换。保险丝是单相设备，而断路器通常是可以双向操作的三相设备。断路器可以阻断很大幅值的电流，可以关闭故障并能重新打开，也可被远程操作,并且需要周期性的维护。

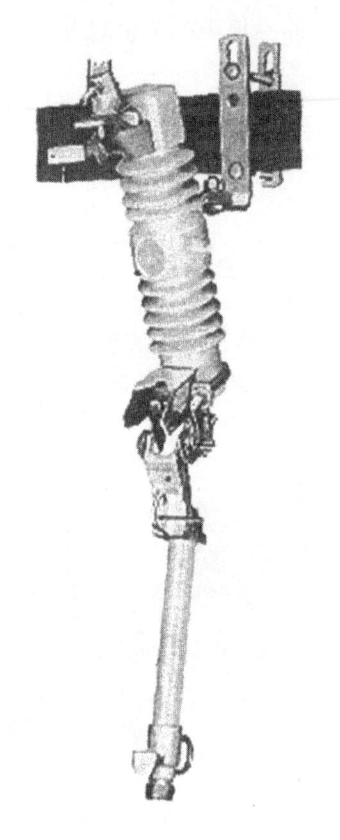

图 5 - 26 保险丝门锁(由 Alliant Energy 提供)

图 5 - 27 地磁极

5.4 下杆或地磁极

使用下杆或地磁极的目的是将空中的结构转换为地下的构造。当电源是空中结构并向地下用户服务时,一些电力用户称之为地磁极,而当电源是地下构造并向空中系统服务时称之为下杆。这两种方式都表征了空中至地下系统的转换。图 5 - 27 是一种典型的地磁极。

5.5 地下服务

构造地下系统通常会比建造空中系统的成本贵三到五倍。大多数人喜欢建造地下系统而不是空中系统。地下系统并不是将系统暴露于鸟类、大树、风和雷电之下，而是应该更加可靠。而地下系统也会由于线缆、弯曲处、铰接处、打孔处和连接器失效而出现故障。当地下系统故障时，通常会导致更严重的损坏(比如线缆、弯曲处或铰接处失效)。所以地下系统的馈线通常不会自动再次闭合。

5.5.1 主配电线缆

对于任何一种地下系统，主地下线缆都是最重要的部件。若地下系统的线缆发生故障，这条线路的馈线部分或保险丝都会暂停正常工作，直到工作人员将出现故障的线缆部分隔离出来并放置必要的负载转换开关，从而恢复电力。

如图 5-28 所示，大部分的主配电线缆含有两个导体(中间的主导线和同心的中性导体)，这两个导体用绝缘层和半导体的材料包裹。主导体材料是由铜或铝构成的，外面一层的导体是同心的中性导体，一般的材料是铜。再外一层包裹的是聚乙烯、聚氯乙烯树脂(PVC)或热塑性材料。

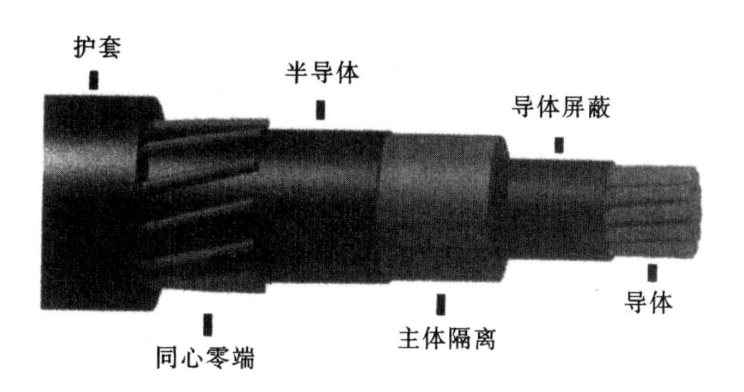

图 5-28　单导体主配电线路电缆(由 Alliant Energy 提供)

当由反铲挖土机或其他设备挖入电路时，同心的中性导体会迅速地引导断路器，并快速地熔断。当挖土机穿过线缆时，刀片在碰到正中间的导体之前，首先被中性导体接地，这就使电流短路并引导断路器。

地下线缆的电容很大，当线缆不通电时，其内仍有很大的危险电压。当操作断开的地下线缆时，需要遵循特殊的安全操作流程，因为在其内部仍然会有存储或捕获的电压。

5.5.2 负载弯管

负载弯管用来连接地下线缆与变压器、开关和其他储藏柜设备。就像它的名字一样，负载弯管是设计用来连接和断开启动线路和设备的。我们也可以用负载弯管给地下线缆充电或放电。然而,安全操作通常会要求具备个人橡胶绝缘防护和使用纤维玻璃丝工具,以确保安全地安装或拆卸弯管。图 5-29 为一个线路人员穿着橡胶手套使用纤维玻璃丝绝缘工具拆除一个地下弯管。图 5-30 和图 5-31 为典型的负载弯管连接头。

图 5-29 负载绝缘连接(由 Alliant Energy 提供)

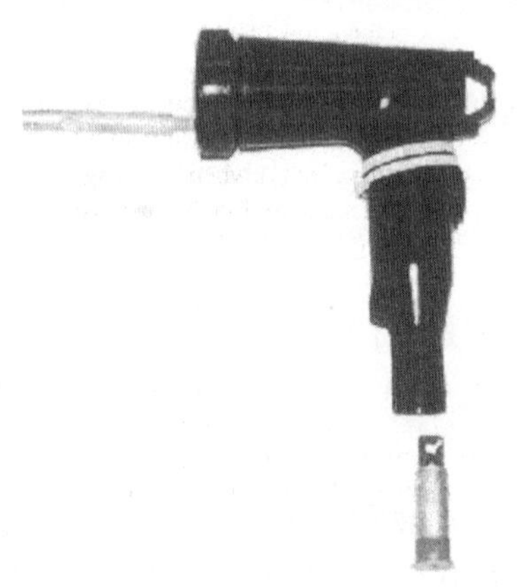

图 5-30 负载弯管

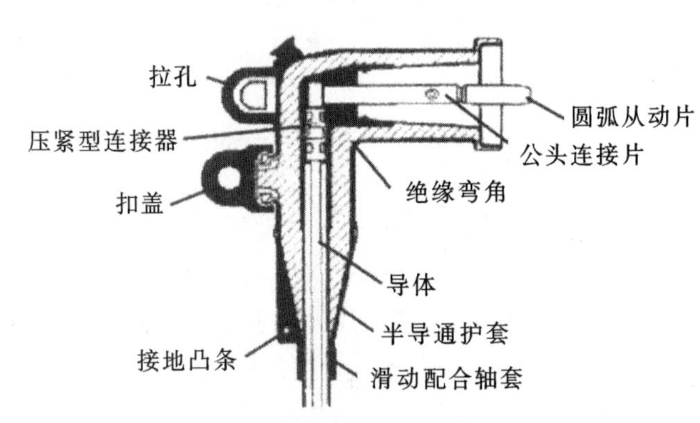

图 5-31 负载弯管配件

5.5.3 粘接片

地下粘接片用来连接线缆的两端。它们通常用来延长线缆和紧急维修。一般不推荐使用粘接片,它们和其他零部件一样会增加出现故障的因素。

图 5 - 32 和图 5 - 33 均为在地下配电系统中使用的典型的粘接片。注意:所有的地下连接,尤其是弯管和粘接片都要求特殊的安装步骤,以确保远程可靠的高稳定性。地下设备易受水和侵蚀性破坏的影响。

图 5 - 32　地下长压缩带封装连接片(由 Alliant Energy 提供)

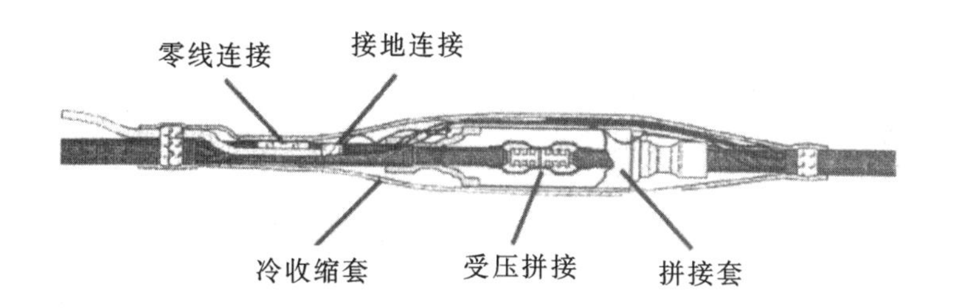

图 5 - 33　3M 主地下连接片(由 Alliant Energy 提供)

5.5.4　地下单相标准连接

图 5 - 34 为一个 7.2 kV、120/240 V 交流电的单相 25 kVA 的组合式变压器。

图 5 - 34　开关变压器(由 Alliant Energy 提供)

左边是两个高压套管,右边是低压连接器。这两个高压套管可以在环路结构中以菊花链串行方式连接变压器,以用于多用户服务。

5.5.5 地下 Y 型—Y 型三相标准连接

图 5 - 35 所示为一个地下的、三相组合式变压器如何与一个四线制的 Y 型主级和四线制的 Y 型次级连接。这与空中的 Y 型—Y 型配置非常类似。这个连接给用户提供 208/120 V 交流电的三相服务。

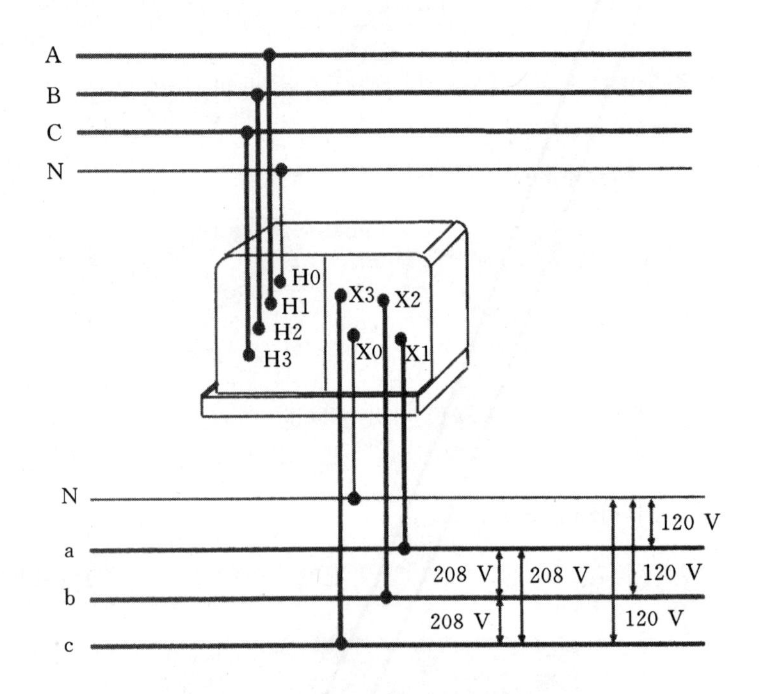

图 5 - 35 地下 Y 型—Y 型连接配置电路图(由 Alliant Energy 提供)

5.5.6 单相、开环地下系统

图 5 - 36 为一个典型的服务于小型配电系统的单相地下配置系统。它为若干用户提供可靠的环路操作。注意常规的闭合和开路开关。在维修操作中,这个环路设计使用带有互连开关的组合式变压器提供负载传输能力和设备间的绝缘特性。这样的配置允许线缆一部分失效时可以快速被隔绝,当这段线缆被修复或重新安装后可以快速地重启服务。

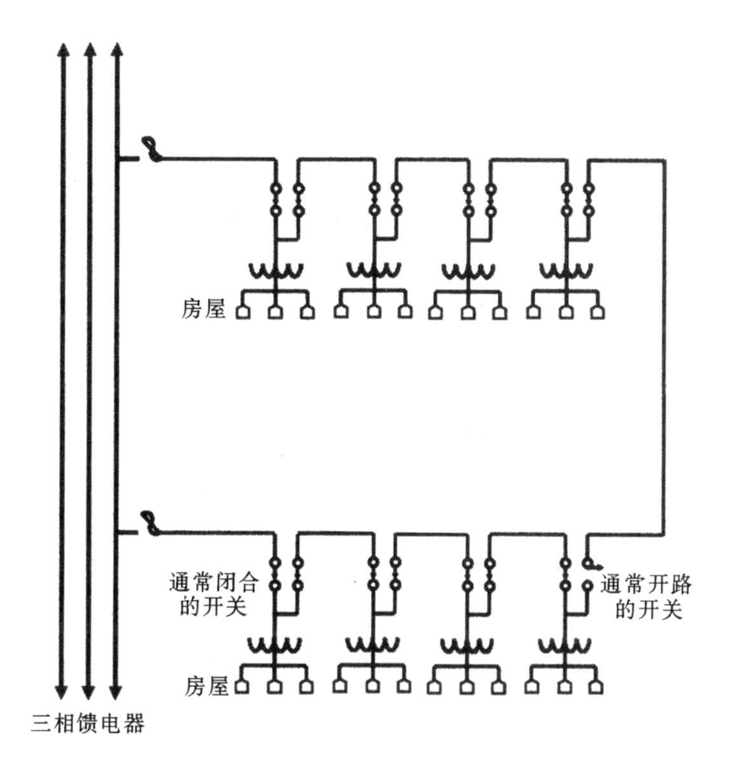

图 5 - 36　配电线路主线路

5.5.7　二级服务电线

电力公司负责在配电线路变压器和用户服务接口设备之间提供服务。

图 5 - 37 为一个二级服务电线的例子。二级电线是绝缘的，这个绝缘值比主线路的绝缘值小很多。多数的二级配电线路包含两个隔离的导体和一个中性零端。空中的服务线路通常含有裸露的中性端导体，而地下服务线路全是隔离的。

导体的绝缘材料是用聚乙烯纤维或橡胶包裹，通常导体的电压是 600 V 交流电。导体的材料一般是铝或铜。中性零端通常与热导体有相同大小。

图 5 - 37 为空中和地下系统中使用的三联式线缆。(注意：四联式线缆用在三相服务中。)为了减少从服务磁极到服务入口的导体之间的缝隙，导体之间需要隔离并与中性零端绞合在一起。对于像街灯这样的单相服务，一个隔离的导体与一个非隔离的中性零端绞合，这就是常说的双绞线。

图 5 - 37　次级线缆(由 Alliant Energy 提供)

第6章

消　耗

学习目标

√ 分析能源消费的种类(住宅、商业和工业)及消费特点。
√ 了解电源系统的效率和功率因数。
√ 讨论需求侧管理。
√ 了解电力计量的分类。
√ 讨论住宅服务的入口设备、面板和支路配置。
√ 学习如何使用住宅照明、插座、漏电断路器及240 V交流电路。
√ 了解大型电机启动的常见问题及如何减少各类软启动设备的闪烁。
√ 讨论工业服务入口设备、设备连线、应急发电机及不间断电源系统(UPS)。

6.1 电能消耗

电能消耗是指电力系统中所有负载消耗的电能,其中包括用于传输和运送电能的消耗。例如,电线、变压器中使导体升温的电能也被认为是电能消耗。

电力的消耗和测量方式取决于负载的用途(住宅、商业或工业),以及负载的类型(电阻、电感或电容性)。电气设施对电能的消耗主要在于生产和输送到终端用户这两个步骤。在所有的情况下,需要测量和计算电能的生产和消耗。所产生的电能必须等于消耗的电能。本章主要讨论电力系统的消耗,以及负载类型、相关功率需求、系统效率的测量和维护。

在住宅用电消耗中,消耗电能较大的设备包括空调机组、冰箱、炉具、采暖器、电热水器、干衣机,以及耗能较小的照明、收音机和电视等。目前,家电和家庭办公设备消耗的电能越来越少，只占住宅总消耗量的一小部分。但近年来居民用电消耗稳定增长，在未来也将持续增长。住宅消耗的计量单位为千瓦时(kWh)。

商用用电消耗也在稳步增长。商业负载包括商品和服务、办公业务、仓储、教育、公共集会、住宿、医疗保健和食品销售及服务。其中消耗电能较大的设备包括大规模照明、采暖、空调、厨房设备及电梯和大型服装处理设备等电机负载。商用用电使用千瓦(kW)为单位计量峰值需求，以千瓦时(kWh)为单位记录电力需求。

工业用电消耗较为稳定。工业负载通常涉及大型电动机、重型机械、高容量空调系统等，需要使用功率因数、需求和能量等特殊计量单位。因为耗电较大，通常使用电流互感器和电压互感器按比例缩小电气量，以便于使用测量标准单位进行测量。

对于军事基地、炼油厂、采矿行业等大电能消费者，通常拥有独立的二次传输和初级分配设备，如变电站、线路和电气保护设备等，需要采用主要计量设施进行消耗测量。

6.1.1 消耗特征

这一部分我们学习电阻器、电感器和电容器三种负载在电力系统中的工作方式。三者的关系影响系统的损耗、利润和稳定性。本节将介绍三种负载的相互作用，以及提高电力系统整体性能的方式。

6.1.1.1 基本交流电路

交流电路可以分为电阻、电感和电容三种基本类型。交流电源电路类型如图 6-1 所示。

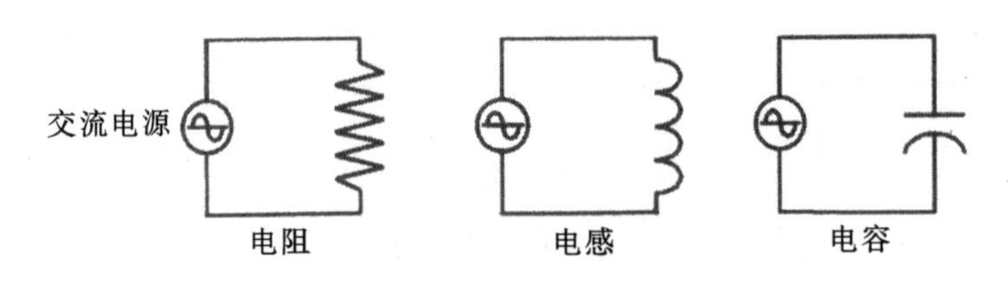

图 6-1 电路类型

根据连接到交流电压电源的不同负载类型，电压电流具有不同的时间差，又称电压电流的相位角(超前或滞后)。相位角以度为单位，一个完整的周期为 360°。

6.1.1.2 相位角

交流电力系统中，电压和电流频率相同，振幅及相位角不同。电压电流间的相位角如图 6-2 所示，图中电流波跟随电压波穿过水平轴，滞后于电压。因此，设备必须为电感设备。

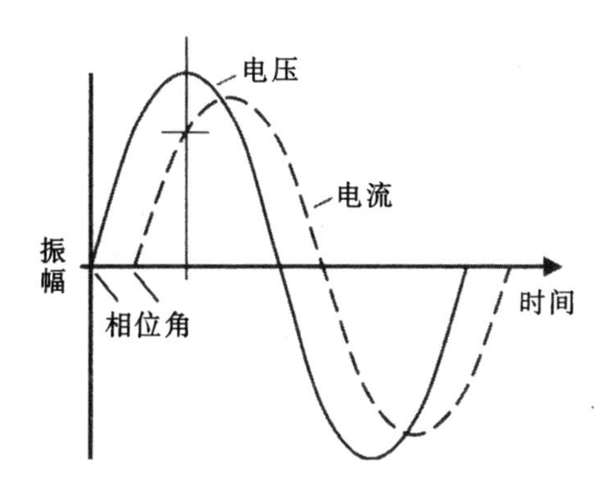

图 6-2　电压电流间的相位角

另外,电压峰值时的电流振幅低于峰值电流的振幅。电流振幅的差异可以减少功率消耗,对于提高整个电力系统效率具有重要意义。降低相位角可以用较少的电流量完成相同负载条件下的工作量。为电机增加电容器,可以减少发电电源产生的总电流。降低总电流,可以减少系统损耗,提高电力系统的整体效率。

6.1.1.3　不同负载类型的相位角比较

不同基础负载类型对应的电压电流间的相位角不同。图 6-3 为三种负载类

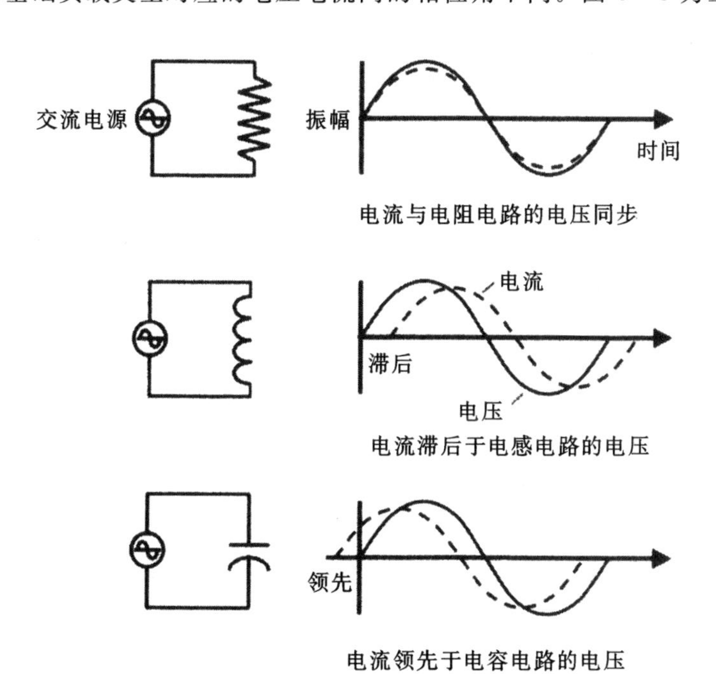

图 6-3　电压与电流的关系

型相位角。

6.1.1.4 负载类型结合

当电感负载和电容负载连接时，相位角彼此相对，如图 6－4 所示。A 部分中滞后的电感相位角与超前的电容相位角之和等于电阻负载的相位角。相位角不能完全抵消，结果可以是电感滞后或电容超前。B 部分为电容器和电感器连接产生相位角的两种方式。C 部分为两个电器元件完全对消后的等效电路电阻。

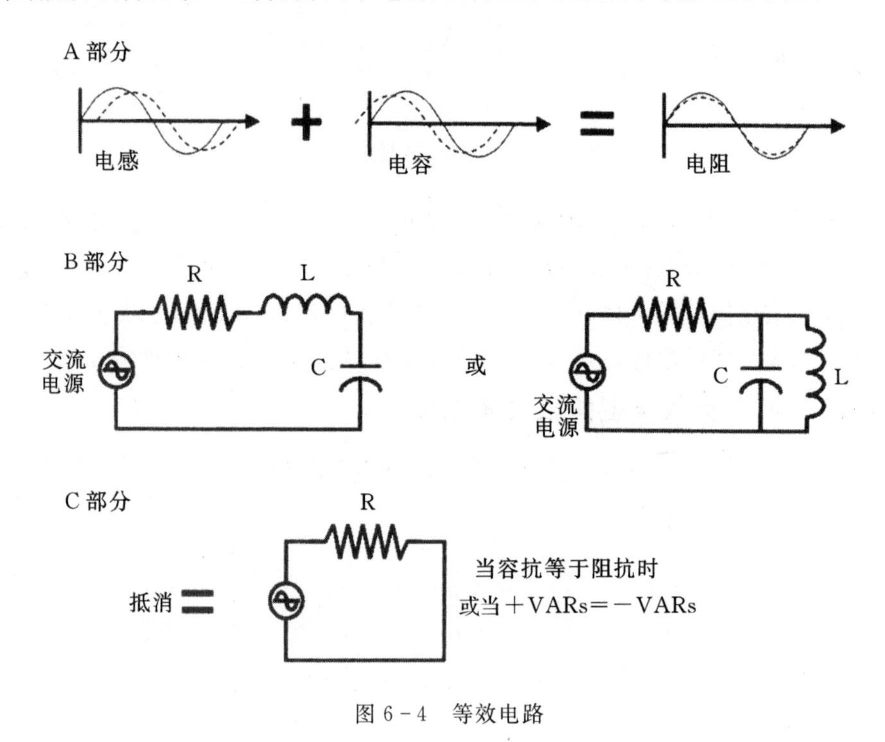

图 6－4 等效电路

6.2 电力系统效率

当结合负载为纯电阻性时，电力系统的效率达到最大。当系统总负载接近纯电阻性时，总电流需求和损耗为最小。当负载为纯电阻性时，需要生产的总功率为最小值，此时总功率为“实际”功率。

当系统效率最大化时，或当所有负载所需功率最小时，有两个显著的优点：

（1）功率损耗降至最低。

（2）额外电容量可用于传输线、配电线和变电站设备，因为设备按照电流量承载电容评级。当前电流较少时，设备有更多电容可供额外负载使用。

可通过计算功率因数测量电力系统效率。

6.3　功率因数

电力系统的效率可以视为：用于完成“实际”工作的总功率（“实际”功率与“无功”功率之和）的数量。功率因数是基于实际功率与总功率的比值，如下：

$$功率因数=\frac{实际功率}{总功率}\times 100\%$$

通常情况下，功率因数在 95%以上为好或高，低于 90%为差或低。当电机运行的功率因数较低时，如在 80%～85%之间，可以使用额外电容器提高电机电源的整体效率。

图 6－5 中，如果试图从 A 点到河对岸的 B 点，耗能最少的最短路线为直线，如左图所示。然而，假设水向下流动，为达到 B 点则需要向 C 方向游。从 C 到 B 的额外的能量消耗被认为是无用的。在电气电路中，这种浪费的能量被称为“无功”。

图 6－5　功率因数

6.3.1　选读

请参阅附录 B 中的功率因数图形化分析。

6.4　供应和需求

电力系统的生产顺序为：电压—负载—电流—电源—能量。生产过程中会产生系统损耗，需要提高产能保持生产（供应）和消耗（需求）的平衡。在此过程中，电力设备需要保持良好稳定的电压，支持各种消费类型和消费级别。消费者通过电流消耗系统中的功率和能量。用户消耗和系统损耗决定需求，电力生产商通过传输分配系统满足用户对电力的需求。

电力系统实时运行。负载增加时，产量也需增加，才能提供良好的电压和频率，满足用电需求。否则，由于负载设备使用特定的电压和频率，电压和频率下降会导致用户照明变暗，电机过热。

6.5 需求侧管理

由于负荷量(需求)决定发电量(供应)，尽量减少额外供电需求的最佳途径是降低或控制需求。因此，需求侧管理方案广泛用于管理负载增长，实现经济稳定。需求侧管理(DSM)方案旨在帮助消费者减少能源需求，控制能源成本，同时减缓发电、输电及分配设施的建设。DSM项目针对住宅和商业用户，通过开展能源审计、控制消费电子设备或提供经济激励等方式提供协助。

经济激励主要包括以下消费类型。

6.5.1 住宅

需求侧管理计划主要涉及住宅和小型商业负载，包括以下方面：

- 照明(如返利券、高效灯泡折扣、节能照明设计和其他能源减排奖励)；
- 高效洗衣机、干衣机及冰箱等；
- 家庭能源审计；
- 绝缘升级；
- 设备管理；
- 控制部分设备(如热水器、泳池泵、灌溉泵等)只在非高峰时段运行。

6.5.2 商业

涉及商业用户的需求侧管理方案更适合提高整体运营效率，例如：

- 使用节能效果更强的产品和技术，在不增加项目成本的基础上建造、改建、装修或翻新，进行有效设计，包括照明、加热、空调、电机升级、可变速度驱动器及其他更有效的电气设备；
- 鼓励更换效率低的旧设备；
- 使用能耗分析方案鼓励企业或组织内部实施更好的操作方法。

6.5.3 工业

针对工业用户的需求侧管理方案主要集中在能源计划方面，例如：

- 采用可再生能源激励方案，如提高风能、太阳能、燃料电池的利用率等，或自行生产工业用电；

- 通过使用能源负载曲线，制订节能负载模式；
- 进行能耗调查或研究，为负载缩减提供建议。

其他帮助降低电能消耗的需求侧激励措施有内部遮阳、外部遮阳、遮阳棚、外墙玻璃、热反射和自动控制装置。

电气行业共同努力提高电能消耗的效率，降低需求和对境外能源的依赖。能源生产、传输和配送成本，及经营亏损、扩张和燃料依赖都源于消耗。通过需求侧管理项目进行消耗控制，是推迟新发电项目开发，保持或降低电力成本及节约能源的最佳途径。

6.6 计量

电度表可以直接测量电能消耗。电量测量需要考虑消耗类型和消耗水平。住宅消费者的用电计量单位为千瓦时（kWh），小型商业和工业使用需求计量表，大型工业消费者可使用能量（kWh）、需求（高峰 kW）和功率因数测量（%PF）等指标。用电量最大的用户获得电能的来源包括初级分配、次级传输或初级计量要求的传输电压水平。

6.6.1 住宅计量

常见的电度表为千瓦时电度表，如图 6-6 和图 6-7 所示，用于测量电能。电

图 6-6　机电电表

能是能源与时间的乘积。电度表只测量瓦特，而不计总功率，总功率包括 VAR 中的无功功率。测量单位为瓦特·小时。考虑到比例，固定千瓦时（kWh）为住宅用户测量电能的标准单位。

图 6-7　固态电表

老式表盘式电度表测量的是电力公司配电变压器的三条导体引入线中的实际电能。通过两条电线（如 120 V 导线）的电流和电压信息，可以记录住宅的能量消耗，也包括与 240 V 交流电相连的住宅负载，因为其电流也通过两根火线。

表盘转动的比例为 10∶1，右侧刻度盘转 10 圈时左侧刻度盘转 1 圈。表盘读数的差为电能消耗值。电子或固态电度表能记录如使用时间等更多信息，甚至可以通过电话线、无线电信号、电线或小型手持记录设备远程传递信息。

6.6.2　需求计量

测量小型商业和轻工业负载的电学计量设备按照需求进行计量。在计费周期内，如果用户在高峰时段持续 15 分钟消耗电能，将会被收取最高费用，这种测量方式为需求计量。时钟式电度表的旋转臂决定了结算周期最多为 15 分钟。图 6-8 为需求指针和刻度，图 6-9 为传统钟表式需求电度表。每个结算周期抄表员都需要手动重置旋转臂。需求计量也可以是电子或固态设备。电度表通过电子通信将信息发送给电力公司。

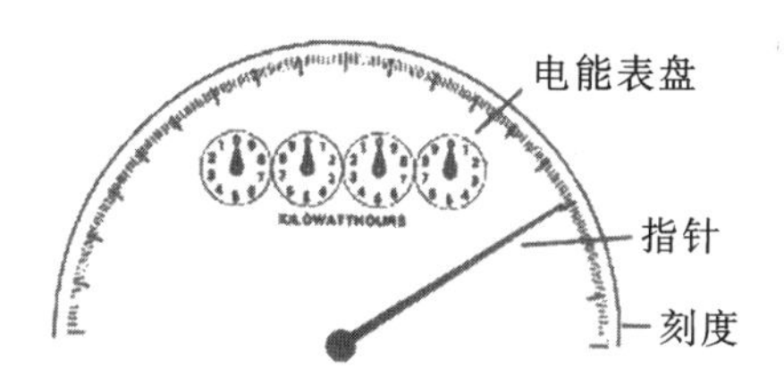

图6-8 需求指针和刻度(由 Alliant Energy 提供)

图6-9 需求电度表(由 Alliant Energy 提供)

6

6.6.3 使用时间计量

按使用时间(TOU)计量的电度表是按需计量电度表的变体。按需计量记录每个计费周期的高峰需求,而按时计量则记录一天中不同时段的需求和能耗。峰谷分时计量允许电力公司针对不同时段收取不同的费率。当发电量最高(峰谷)时,电量消耗最大,收取的电费高于非峰谷时段。当电量消耗最少(非峰谷)时,电费价格极低。多种费率帮助抑制峰谷时段用电消耗,鼓励非峰谷时段用电。按时计量电度表多为可通信电子或固态电度表。

6.6.4 无功电度表

电度表并不是为了测量无功功率设计的,但通过改变负载电流互感器(CT)的相位角,第二只电度表与相移的负载连接,则可测量无功电能消耗。相位的位移则是受单相系统中的电容电阻网络影响或三相系统中的单相变压器影响。相移设备测量电路中的无功功率以千乏时(kVARh)或1000 VARh为单位。第二只电度表可称为无功电度表。电力公司通过kWh和kVARh等信息计算功率因数平均值。部分电力公司使用功率因数电度表直接读取,得出峰值功率因数。

6.6.5 初次计量

有些用户需要进行大负荷操作，需要使用初次分配电压。如果初次电压超过600 V，需要对初次电压采用特殊的计量方式。当无法在次级电压层次测量电量时，计量人员会安装初次计量设备。初次设备包括高精度电压互感器(又称计量类电压互感器)和高精度电流互感器(又称计量类电流互感器)。这一类设备都具有特殊的结构、设备机箱及机架。

根据应用类型的不同，可以采取多种方式建造计量设备外壳。例如，初次计量设备可以放置于地下(见图 6-10)、空中(见图 6-11)、变电站内或工业装置中。

图 6-10 地下初次计量(由 Alliant Energy 提供)

6.7 基于性能的费率

部分规范化的电力公司正考虑执行基于性能的收费标准。公共服务委员会或其他监管机构建立了针对客户服务可靠性的性能评级，针对电力公司可靠性能的评级也在筹划中，为今后提高资费做准备。如果电力公司达到或超过预设标准，将可以在基础资费上收取“奖励”。如果电力公司不符合既定标准，将被强制降低资费。

基于性能的费率指标包括：

图 6-11　空中初级计量

- SAIFI，代表系统平均停电频率指数；
- SAMII，代表系统平均瞬时中断指数；
- SAIDI，代表系统平均停电时间指数。

上述测量标准重在为客户提供可靠的服务。这些指标原是由工作人员根据每日停电报告手动导出，现在则由系统控制中心的电脑提供。

整体电网系统的可靠性和稳定性包括发电和输电的性能。这些内容将在第 8 章互联电力系统中进行讨论。

6.8　服务入口设备

电力公司将引入线连接到消费者的服务入口设备。美国国家电气规范(NEC)规定了非常具体的法规、章程和服务入口设备设计、安装、连接及检查的要求。本节讨论服务入口的基本设计、需求侧连接，以及住宅、商业和工业用户的特殊负载特征。

6.8.1 住宅服务入口设备

不同的制造商采用的服务入口设备也有所区别，但其基本设计概念遵循统一标准。概念提供了标准应用，电力公司提供配有两根火线和一根零线的 120/240 V 交流单相服务，为住宅的整个房间供电。

标准配送服务面板负责 120 V 火线和连接负载的平衡，便于 240 V 负载与组合断路器相连。由于每个连续的断路器空间都与相对的火线连接，任意两个相邻的断路器空间可以方便地将两条火线连接到 240 V 交流电操作。240 V 交流电连接是通过两个相邻的 120 V 断路器实现的。塑料桥夹与两个 120 V 断路器连接，会引起断路器跳闸。

图 6－12 为 120/240 V 交流电面板，请注意图中的仪表插座。图 6－13 为相同的住宅面板外壳内部的仪表插座和断路器空间。图 6－14 为盖板开启后的断路器，面板可供连线。图 6－14 为独立的断路器位置空间。下部中间有两个左右交替的金属片，将垂直相邻的断路器连接到相对的火线上，可以提供 240 V 电压。

图 6－12 基础面板

图 6－13 电表盖开启后

图 6－14　断路器板移除后

6.8.1.1　服务入口面板

图 6－15 为火线与零线在配电盘中的连接方式。初级零线与中性母线相连。中性母线需要接地，连接到建筑物的“ufur 地”。“ufur”意为设备安装需要接地。NEC 要求提供电气公司与用户之间的接地连接。接地提高了电压稳定性，保护装置的有效性和安全性。这种连接方式在星形连接初级分配系统中最为有效，但在三角形连接系统中效果稍逊。

服务入口导线的两条火线首先连接到主断路器。相邻的断路器与 120/240 V 电线连接，这种布置方式可以促进负载平衡。另外，两个相邻的断路器提供 240 V 交流电，断路器间安装了塑料夹保证一条线跳闸后，另一条线也随之跳闸。

6.8.1.2　照明开关

图 6－16 为标准照明开关电路。NEC 规定了颜色代码标准，扩展导线为单个断路器连接附加负载，绿色的地线用于金属灯具接地。绿色地线和白色零线连接点相同，地线和零线连接到一点可为设备提供接地连接，避免火线磨损，造成金属电器短路。裸露的火线会使电器地线短路，断路器跳闸，从而消除潜在的危险。

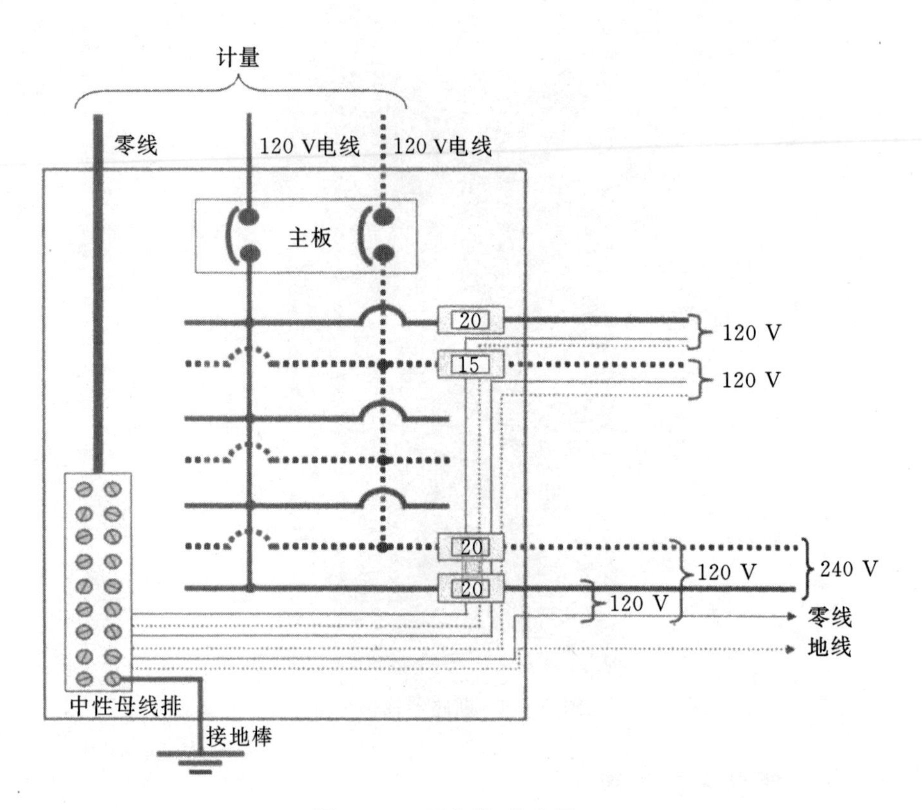

图 6-15　配电板(住宅用)

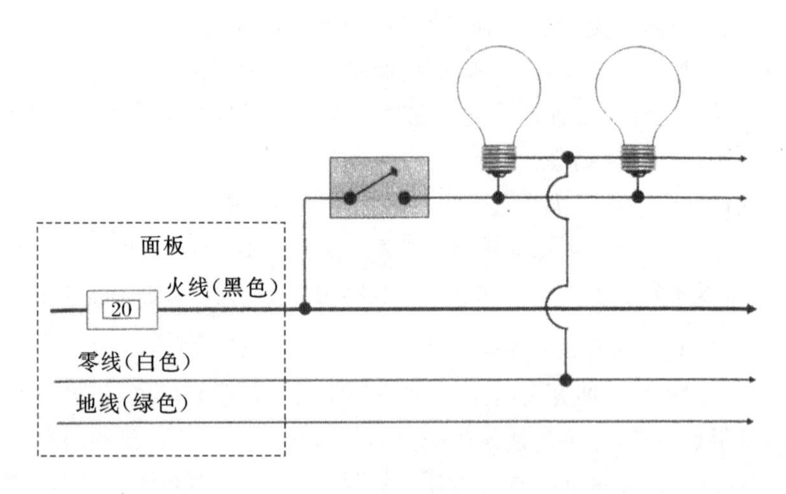

图 6-16　照明电路

6

6.8.1.3　插座

图 6－17 为标准三孔插座的基本连接。按照 NEC 的规范，火线接入插座短开槽，零线接入长开槽，地线接入插座圆孔。螺孔固定盖板，支架将插座固定在接线盒上。盖板螺丝直接接地，这种连接对于使用适配器连接老式插头的安全接地设备非常重要。

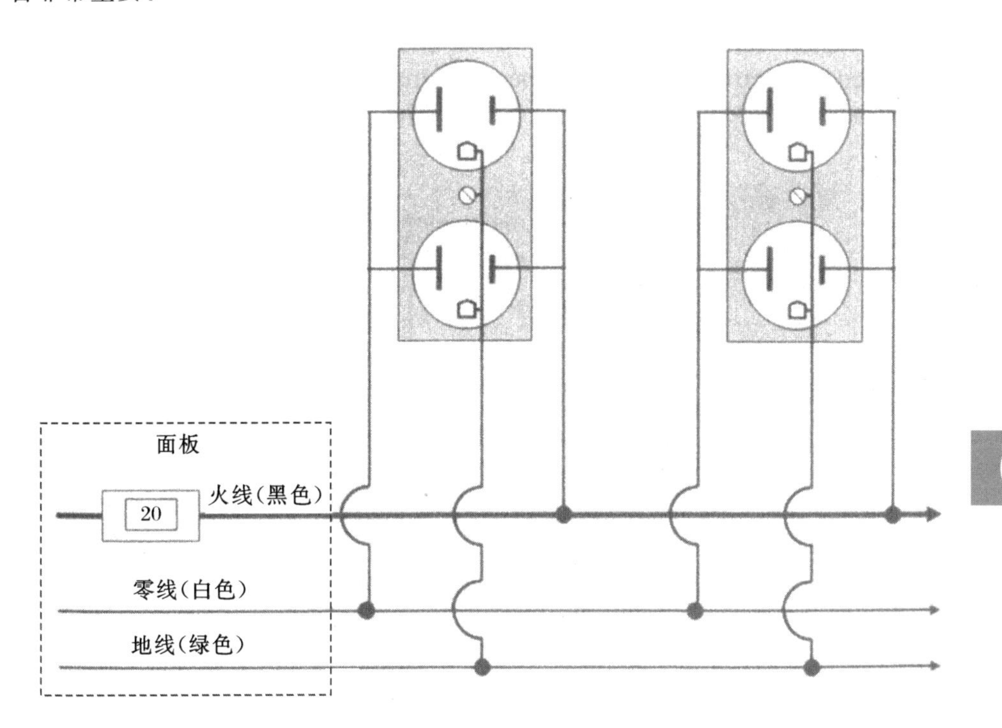

图 6－17　插座电路

6.8.1.4　漏电保护插座

图 6－18 为漏电保护插座(GFCI)的基本连接标准。

黑色火线的电流与白色零线的电流不匹配时，GFCI 可以中断电流。5 mA 的差异即可使断路器跳闸。

GFCI 是重要的安全装置，NEC 规定浴室、厨房中 3 英尺深的水槽内，室外和车库插座必须使用漏电保护插座。漏电保护插座含有一组螺丝，用于连接其他同规格 GFCI 插座。

2000 年的修正案中，NEC 要求 2003 年后住宅区安装的所有卧室电路都需要在服务面板上安装电弧故障断路器(AFI)。上述规定源自电热毯等加热设备的绝缘老化和电弧恒温曾引起多次火灾。老化的绝缘体会产生电弧和火花，但没有足

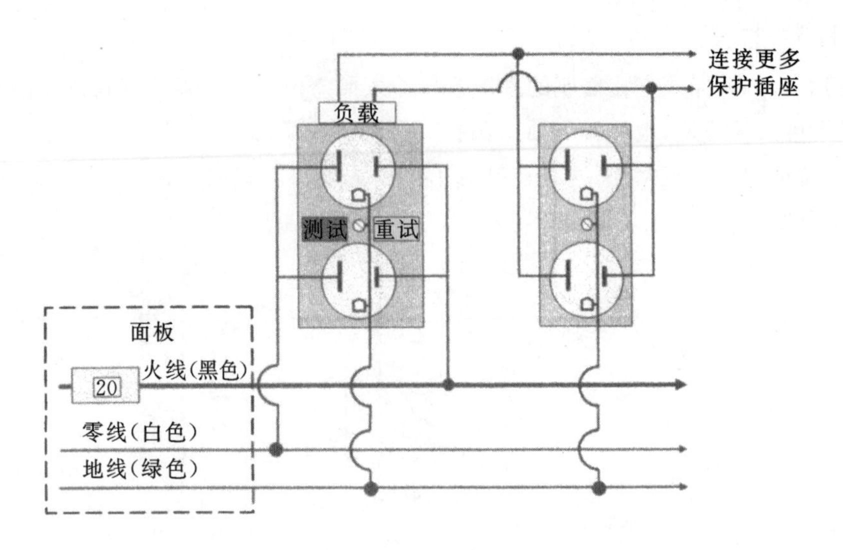

图 6-18 漏电保护插座电路

够的电流使标准断路器跳闸。AFI 检查电弧和火花产生的电噪声，跳闸断开断路器。为避免争议，通常假设房间内有衣橱，或能够有一个衣柜，可以认为是卧室守则，房间的插座通过 AFI 提供服务。

6

6.8.1.5 240 V 负载

图 6-19 为标准 240 V 负载(用于干衣机、电炉和热水器)的基本连线。

两个 120 V 断路器通过一个塑料盖桥接在一起，当一个断路器跳闸时，另外一

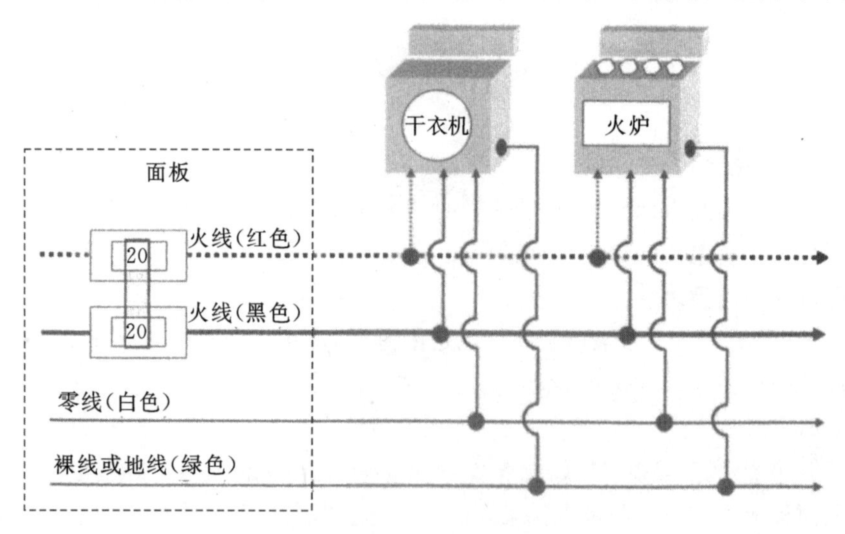

图 6-19 240 V 电路

个断路器也会跟着跳闸。多数情况下,单个模制管壳可以容纳 240 V 断路器。管壳内有两个断路器和一个控制开关手柄。

白色零线接入 240 V 电器内用于灯、时钟和计时器等 120 V 负载。如果火线发生破损或金属电器短路,绿色地线会使 240 V 面板断路器跳闸。

6.8.2 工商服务入口设备

工商服务入口设备如图 6-20 所示,由计量设备(如电流互感器)、主断路器、隔离开关、馈线断路器组成,有时也包括功率因素校正电容器、带转换开关的应急发电机和不间断电源系统(UPS)。执行大型工业操作的大型电机需要配有软启动(又称低电压启动)设备,以减低启动时涌流对电机造成的伤害。

图 6-20 工业面板(图片来源:Photovault)

6.8.2.1 功率因数校正

电机、变压器和电子非线性负载等低功率因数的负载,需要无功电能或无功功率以保证正常运行。应使用电容器减少或降低过量的无功电能需求,从而增加电压支持,减少损耗,在某些情况下降低电力账单,并提高整体功率效率(在仪表两侧)。

功率因数是有功功率(瓦)与总功率(瓦数与无功功率的和)之比。使用并联电容器可以降低总功率中的无功功率。通过用户的功率因数数据可以计算电容器需求。

可以将"无功"电能理解为借助磁场运转的电机。电机包含线圈和金属转子推动旋转。通过线圈的电流产生磁场旋转转子,产生"无功"电能。无功电能本身不能转化为能量,总能量的“真正”组成部分转化为能量。电容器可以抵消电机产生的无功功率,降低甚至消除总功率中的无功部分。并联电容器满足电机(电感负载)的无功需求。功率因数测量装置负责测量由并联电容器改进后的功率因数。用户缴纳电费时,如果功率因数较低,只需缴纳较少的费用。

用户和/或发电厂使用电容器校正低功率因数。电力公司安装的电容器使无功功率流经计量表,则用户需要支付无功电能的费用。如果用户在计量表一侧安装电容器,将无需缴纳额外的电费。需要注意,并不是所有的电力公司都按照低功率因数收费。

6.8.2.2 电容器过度校正功率因数

额外电容过度校正功率因数,会增加线路中的总电流。当用户过度校正时,多余的无功功率将流经计量设备,流入相邻的用户的电感型负载。

有时,用户提供的额外电容可以得到电力公司额外无功功率进入电力系统的优惠。这些额外的无功功率可以造福周边用户。这样,电力公司无需安装同等数量的系统电容器,用户也能得到电费优惠。过度校正可能引起高电压、功率质量问题,导致绝缘效果减弱、设备寿命缩短等其他系统问题。

电容器组可以根据负载需求、时间、电压电平或其他因素切换开关,匹配负载的无功功率需求。通过开关电容可以进一步提高电力系统和负载性能。

6.8.2.3 功率因数校正电容器的位置

通常,电力公司不会要求将功率因数校正电容器设置在计量表的需求侧。电容器越接近负载,对用户越有利。例如,电容器组安装在计量表的需求侧时,无功计量将功率因数记录为设备消耗;电容器组靠近负载时,用户系统中的电流则会下降。电力公司只关注计量表显示的用户功率因数。电容器接近负载安装,用户可以从中获益,尽量减少建筑布线系统损耗,提高终端负载电压。

6.8.2.4 电机启动技术

大型电机启动时,用户布线系统和电力系统可能出现显著的电压骤降或闪烁。根据其他连接负载的电压灵敏度不同,电压骤降可以分为不明显、有影响、危害设备等不同等级。例如,灯泡变暗会影响办公室人员工作,电压骤降可能导致其他电机负载减慢、过热,甚至出现故障。降低电机启动设备可以减少电压骤降和闪烁。

大型电机的铁铜导线需要磁化才能全速运行。启动电机需要涌流,产生的磁场达到电机额定电流的 7~11 倍。当大型电机启动时,通常会引起高电流流过导体产生电压骤降的低压。公共事业设备针对大型电机启动设置了规范和法规。当启动的电机超过电压骤降或闪烁的要求(通常设置为 3%~7%)时,需要采取特殊电机启动技术。

有几种方式可以降低电压骤降和闪烁。降低电压的电机启动设备(即软启动)常用于电机电路,例如电容器、变压器、特殊绕组连接方式以及其他控制设备,可以减少大型电机启动时的涌流需求。

以下是三种最常用的提供大型电机软启动或降低电压启动器的方式:

(1)暂时将电阻连接到电机启动器的断路器触点或电流接触器上,在电机启动时,使降低的电流流入电机。这种方法可以使涌流降低为五倍的额定电流。电机达到全速时,电阻器短路,仅留固体导体为电机供电。

(2)电机绕组中星形—三角形连接切换也是一种降低涌流的有效方法。电机绕组首先进行星形连接,电压接地后切换为三角形连接,从而保证满电压和输出功率。

(3)自耦变压器启动时可将降低电压输出到终端,在电机全速运行时切换为全电压。这种方式适用于无需从外部访问内部绕组通道的电机。

6.8.2.5 紧急备用发电机

在市电短缺时,紧急电源转换系统可做当地应急电源使用。当市电短缺时,如图6-21所示的发电机将立刻启动,并在转换开关连接到负载前加速加热运行。电压互感器(PT)用于转换开关以感测市电的开与关。这种情况下,延时大约只有15秒。

图6-21 紧急发电机(图片来源:Photovault)

用户应急发电机用于高峰在线发电。发电机并联市电系统，结合特殊的保护继电方案与市电同步。同步需要频率、电压、相位角和旋转角度相匹配，应急发电机方可与市电系统连接。

6.8.2.6 UPS 系统

警察局、医院和控制中心等机构常使用不间断电源(UPS)系统。图 6 - 22 为配有 UPS 的应急发电系统结构图。市电供应包括主面板、应急面板和 UPS 面板在内的所有负载面板。当市电断电时，发电机立刻启动。发电机加速，并能携带负载时，转换开关将发电机连接到紧急负载面板。UPS 面板负载由电池和直流-交流逆变器供电，不会断电。转换开关开启后，发电机开始为电池充电。

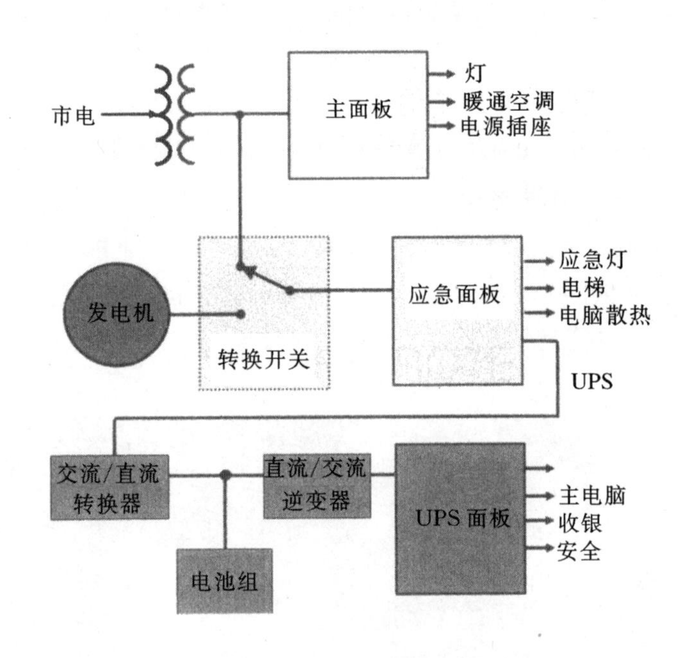

图 6 - 22 UPS 系统

当市电恢复后，转移开关将市电重新连接到主断路器面板，关闭包括紧急负载在内的所有负载。转换计划如果包含同步规定，转移过程结束后可能无需主断路器面板断电。当市电恢复后，UPS 负载再次由电池供电，电池充电器重新连接到市电。

第7章 系统防护

学习目标

√ 区分“系统防护”和“个人防护”。
√ 辨别“机电式”和“固态式”防护继电保护。
√ 学习反向电流和时间的概念。
√ 描述一线制电路及使用方法。
√ 解释不同种类继电器的类型和应用。
√ 讨论保护区域的概念。
√ 解释输电、变电、配电和发电的防护要求。
√ 描述将发电机同步至电网的操作步骤。

7.1 两种防护类型

在电力系统中有两种防护类型。一种是系统防护，与保护继电器、故障电流、有效接地、断路器、保险丝等有关。另一种是个人防护，与橡胶手套、绝缘毯、搭地线、开关平台、标签有关。本章讨论第一种——系统防护。

电力系统设备防护是通过引导断路器、重合器、电动隔离开关的继电保护设备完成的，也包括一些自带防护系统的设备。系统防护的目标是将失效设备在损害其他设备或对公众和人员造成伤害之前，将其从能源电力系统中移除。需要理解系统防护是为了保护设备，而非保护人员。

系统防护可以保护电力系统设备免受电力故障或雷电的损害。系统防护使用固态式和机电式保护继电器来监测电力系统的电气特性，引导电流断路器在非正常状态下的操作。同时,保护继电器会初始化系统控制警报,提示操作人员系统中发生的变化。控制操作人员仍可对系统保护设备发出的警报作出相应反应。

另外一种提供设备保护的方式是合适的接地。有效或正确的接地可以最小程度地减小设备损坏,可以使保护继电器运转得更快(如更快地打开断路器),从而为个人提供更安全的保障。

对于系统防护,我们将从解释不同种类的保护继电器开始,探讨配电线路如何防护,以及输电线路、变电站和发电机的防护方法。

7.2 系统防护设备和概念

系统防护,通常也叫做继电保护,在变电站内由通过CT和PT来监视电力系统中电压和电流的中继设备组成。当门限值超出时,这些设备可用来“引导”或“关闭”断路器的信号,并随后警告系统控制操作人员。这些继电器、引导信号、断路器控制系统和系统控制设备均由电池供电。当主要的交流电力系统失效时,整体系统防护操作将启动。

7.2.1 保护继电器

保护继电器是负责监控系统条件(如使用CT或PT时的电流值、电压值等数据),并对非正常情况做出应对的设备。继电器将实际真实值与程序中预设的门限值进行比较,并将直流电气控制信号发送给引导断路器或其他开路设备,起到消除设备上的非正常情况以保护设备的作用。当检测到系统出现问题和断路器被引导时,系统控制会收到警报提示,有时其他设备操作也会被重新初始化。系统防护的结果是设备可能会断电下线,消费者可能会停电,但是设备受到损害的程度最小。相比于电力系统的非稳定因素,如意外的电力故障或闪电雷击,对保护继电器的操作却是稳定因素。

保护继电器有两种类型:机电式和固态式。机电式继电器由导线线圈、磁铁、旋转型磁盘和移动电力开关接触片组成,是机械式的。固态式继电器是电子的,没有运动部件。大多数公用事业现在普遍安装固态式继电器。固态式继电器相比传统的机电式继电器具有优势,主要区别有以下几点。

7.2.1.1 固态式

- 优点:多功能、小体积,容易搭建和测试,具有自检功能,遥控操作接口,并提供故障位置信息。如图7-1所示。
- 缺点:有额外的电力要求,软件内容复杂,在一个篮子里可能会有多个“功能性鸡蛋”。

图 7-1　固态式继电器

7.2.1.2　机电式

- 优点：通常自行供电，简易且单功能设计。如图 7-2 所示。
- 缺点：通常一个相位对应一个继电器，搭建和调试较困难，需要频繁测试。

7.2.2　逆向电流—时间概念

设计保护继电器时会遵照如图 7-3 所示的逆向电流—时间曲线，即导向断路器的时间会随着故障电流数值的增加而减小。继电器可以感知变电站附近的故障，相比于感知线路远端的故障能更快地发出断路器引导信号，这是因为线路上的阻抗较小，使得电流流动较少。注意：每个断路器一旦收到从继电器发来的引导信号，都有一个固定的断开电流的时间。一些断路器在收到引导信号后的两个周期内发出引导信号，而较老的断路器则需要九个周期。

横轴所示为引导发出的时间，纵轴则为线路上（如电流变压器）的电流值。当实际电流低于曲线的水平设置点部分或最小设定点时，将不发出引导信号，即该继电器不工作。当电流值超过曲线的瞬时设置点时，将会迅速发出引导信号，这个继电器会没有时间延迟地立刻发出引导指令给断路器。而在这两点之间，继电工程

图 7-2 机电式继电器

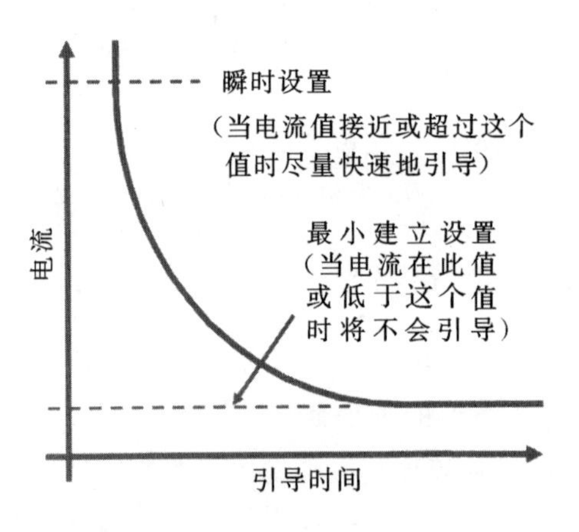

图 7-3 时间与电流曲线

师会调整曲线的形状，以满足各类对象的系统防护协作。

继电保护协作是指下游清理设备先行清除故障。在可能的情况下，上游设备都充当备选清除故障设备的角色。输电线路和配电线路系统或单独的电力系统中的保护继电器之间的协作是一门特别的艺术和科学，有很多重要因素在继电保护的适当设计和协作中起到重要作用。

7.2.3　单线电路

一根线电路(简称为单线电路)是一个简单的系统,是体现所有主要设备电气分布的一部分系统。单线电路是将三线制电路的冗余部分去掉简化而来的。这些额外信息是指提供给工程师或系统操作人员电力系统的整体结构,包括系统防护方案。单线系统对于计划维护活动,故障后重新提供路由电力,切换开关以改变系统配置,查看电力系统较小部分和整体系统之间的关系方面都非常有用。单线电路还有很多用处,以上只是其中的一部分。

电力工作人员在日常工作中使用到单线电路的情况包括以下几点:

- 线路人员用单线电路判断电力线路使用的保护继电器类型,来确认负载转换装置的断开开关位置,查看与出现问题的系统中的那些附近电路或设备的关系。
- 系统操作人员使用单线电路确认断路器、空气开关、变压器、整流器等在变电站中可能显示警报和/或需要修改的电气元件的位置。使用单线电路判断如何切换系统中的设备以重启电力。
- 电子工程师使用单线电路理解系统行为,并改进电子系统性能。
- 用户使用单线电路确认他们的电气设备、电路和防护装置。

图 7－4 为在配电变电站中使用的简单单线电路。注意图中圆圈内的保护继电器编号,这些编号代表中继功能,并在旁边的表格中具体说明。在 IEEE 中有继电器编号的完整名单,作为美国标准设备功能编号。

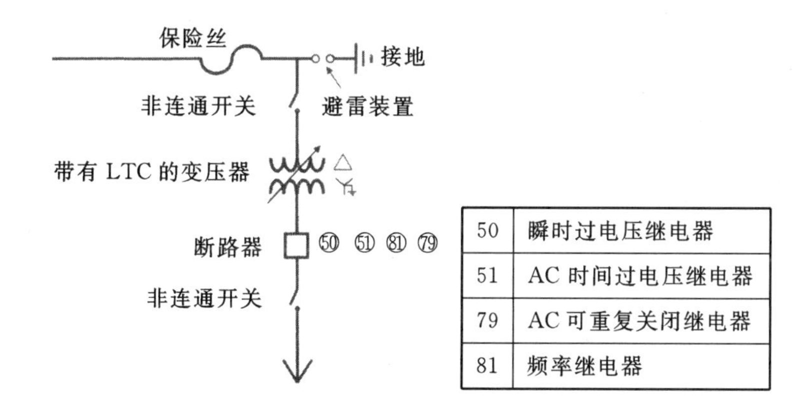

50	瞬时过电压继电器
51	AC 时间过电压继电器
79	AC 可重复关闭继电器
81	频率继电器

图 7－4　单线电路

7.3 配电保护

配电线路(如馈线)通常在变电站外被迅速馈电。用于快速馈电线路的典型配电线路保护涉及使用可重复关闭的继电器过电流保护,或使用低电压负载覆盖继电器。这些都是在配电保护中常用的使用方法。还有一些不同的保护办法。

7.3.1 过电流和可重复关闭继电器

每个配电馈电系统都有一套四个过电流继电器装置,包括负责每个相位的继电器,和为过电流接地的继电器。四个继电器都有瞬时和延时功能,与可重复关闭的继电器相连。变电站继电装置需与下游位于馈电线路上的保险丝联合工作。

过电流继电器与位于断路器刷上的电流变压器连接,可实时监测在断路器上流动的实际电流的幅度。通常每个馈电断路器有四个电流变压器(每个相位各有一个,接地零端有一个)。每个过电流继电器都有一个瞬时过电流继电器和延时过电流继电器,分别与电流变压器相连。这些继电器会查找相位对地端,相位对相位,两个相位对地端,或三个相位之间的馈电线故障。防护工程师会分析每个馈电断路器现有的故障电流幅度,并推荐稍后要编入继电器程序的继电器设置。这些继电器设置每隔一定周期会被重新检测,以确保正常工作。

7.3.2 配电继电器操作

假设一个闪电击中了配电馈线中靠近变电站的“B”相位端,造成了 B 端对地端的故障。地端的过电流继电器检测到了地端电流的激增,迅速给馈电断路器发送引导信号。这个断路器引导整条线路,现在该线路上的所有用户都没有电力供应。过电流继电器瞬时给可重复关闭继电器发送了初始计时器信号。如果当前时间延迟超过了可重复关闭的继电器的延时,可重复关闭继电器将会给这个断路器发送关闭信号,重新启动馈电系统。第一级的典型延时为 5 秒。如果故障是暂时的,例如闪电,所有用户在短暂电力中断之后就会重新恢复电力供应。

关于以上场景的评论是:在变电站断路器上的瞬时引导信号的建立(有时也被称为快速引导信号的建立),比熔断一个下游的保险丝的时间要快。当一个闪电击中配电线路时,通常对该事件的处理顺序是,让所有用户都跟随线路引导,大约 5 秒之后所有的用户恢复电力供应而没有任何配电保险丝融化。

现在假设一棵树卷入配电馈电线旁边的下游保险丝。这个馈电断路器会收到一个瞬时或快速引导信号,大约 5 秒钟后重新关闭。然而,这棵树仍然倒在线路上，由于这棵树会产生短路电流。在大多数的配电防护方案中，这个瞬时引导设置在第一次引导后会中断服务，由延时的过电流继电器接管。在第一次引导之后去除瞬时继电器会给保险丝熔断时间，并清除保险丝熔断一端的故障。所以只有那些熔断保险丝的下游用户会中断电力供应。保险丝熔断时，馈电线路上的电器均会出现电压下降的情况，而后线路会重新产生满伏电压。保险丝下游的用户仍旧没有电力供应，直到电力公司的线路工人找到熔断的保险丝，移除大树，更换和关闭保险丝，然后重启电力。

对于一些发生在远离主要馈电线路，不在熔断保险丝一侧的故障，变电站的断路器将由瞬时继电器引导。在第一次延时约 5 秒之后，可重复关闭继电器将向变电站断路器发送一个关闭的指令，重新恢复馈电线。如果在重新关闭后大树仍然在线路上，断路器会在一定延时后重新引导当前的继电器。再过一定延时后(大约 15 秒)可重复关闭继电器发送另一条关闭指令给断路器，以重新恢复馈电线。这时大树的故障可被清除。如未清除，故障电流会再次发生警报，延时过电流继电器会第三次引导馈电线。此时所有的用户都会再次中断供电。现在，当经过又一段延时(大约 25 秒)之后，该线路会第四次自动关闭。如果故障仍未消除，过电流继电器会第四次引导断路器，之后变成锁定状态。可重复关闭继电器不再向断路器发送关闭指令，所有的用户都将中断电力供应，直至线路工作人员清除故障(如这棵大树)、重启继电器、关闭断路器为止。(注意：具有可编程的重置计时器将程序重置为初始状态，比如初始化快速引导信号。)

如前所述的多种配电线路方案，本节讨论的是在工业领域里很常见的内容。注意：一个配电线路可以自动重启多次。同样的场景可能在一个小车摆系统中重现，事故发生的原因是由于电力线路的导体掉落在地上。这个导体可能在线路“锁死”之前数次重启。并且，系统控制操作人员会远程测试，以确保该线路在锁死发生之后，而线路人员尚未巡视线路，仅仅是发现了该问题是小车摆系统的故障时，该线路能否重启。上面讲的这个例子说明了为什么意识到一个电力线路可以在任何时间被重启，而在一个故障线路中总是保持正常状态是如此重要。

7.3.3 低频继电器

为了避免级联断电，低频继电器在系统频率发生跳变时用于去除负载。低频继电器也被称为负载去除继电器。当负载大于发电时，系统频率将会发生跳变(如负载产生不平衡)。当发电线或是一条重要的连接线被引导时，系统频率会发生跳变，作为补救措施，此时负载去除继电器将开始引导馈电断路器，以平衡负载和发电线。这一自动的负载去除方案可以引导总负载的 30%，避免系统发生大规模断电。

应当注意的是，在美国标准频率是 60 Hz，典型的低频继电器的选择应遵从以下几点原则：

频率为 59.3 Hz 时，去除最少 10%的负载；

频率为 59 Hz 时，去除最少 10%的负载；

频率为 58.7 Hz 时，去除最少 10%的负载；

频率为 58.5 Hz 或者更低时，系统可以采用多米诺效应干扰等必要措施。

一些系统采用柴油发电机和/或燃烧涡轮机自动地检测低频率。补救措施方案都旨在平衡发电机和负载，以防止出现级联断电干扰。

7.4 传输线防护

传输线防护与配电线路防护完全不同，传输线路一般不会成辐射状馈电。通常传输系统给一个变电站会分配多条线路，所以传输线路必须有一套特殊的继电保护方案来确定实际传输线路上的故障。不过复杂的是，一些传输线路在另一端可能有发电机，这样会使故障电流加大，其他故障电流是从不同线路和变电站传输产生的。而且一些传输线路在很远的末端连接服务负载。带有方向性过电流能力的区域继电器（有时也称做距离或阻抗继电器）的概念或者应用被用来确定和引导传输线路上的故障。

故障电流的方向证实了需要引导一个特殊的断路器。例如，过多的电流必须导出变电站，而不仅是额外的电流幅度。引导传输线路断路器时必须考虑故障电流的幅度和方向。

另一个例子如图 7－5 所示，请注意传输线路单线电路图上的故障位置，以及电力系统中的多条传输线路、发电机、变压器和总线。在传输线路任何一端的故障都需要引导该传输线路两端的断路器。区域继电器识别出现故障的线路，并引导合适的断路器。所以区域继电器也提供备用引导方案，在主防护方案失败后启用。

7.4.1 区域或距离继电器

图 7－6 所示为区域中继的概念。在这个特殊的方案里，每个断路器有三个防护区域。例如，如果 A 断路器有三个朝右的区域（如图所示），那么 B 断路器则有三个朝左的区域（图片没有显示），C 断路器则有三个朝右的区域，以此类推。区域继电器设置将在以下部分讨论。

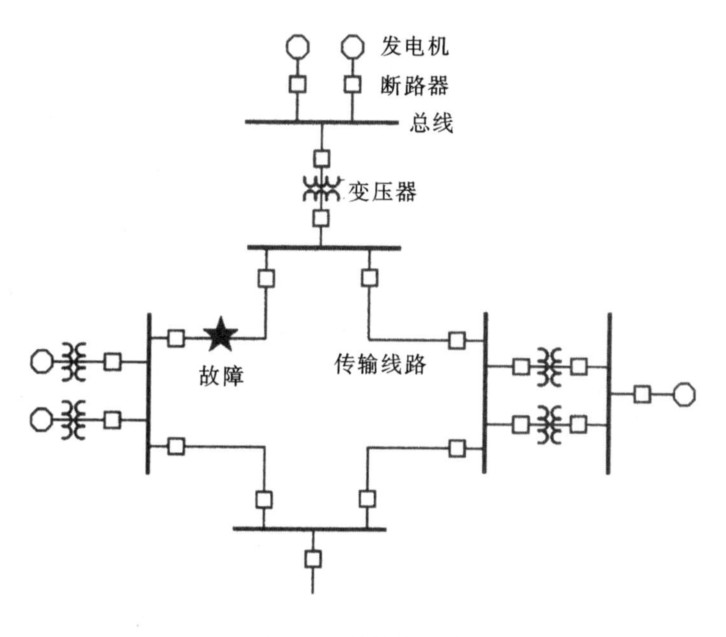

图7-5　传输线故障

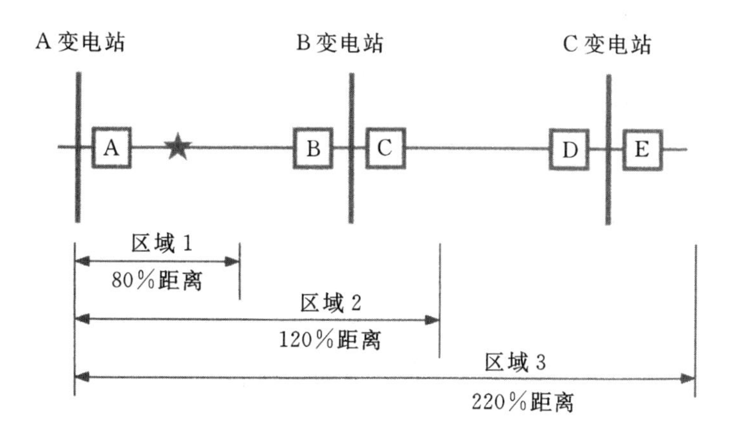

图7-6　区域防护(由Alliant Energy提供)

7.4.1.1　1区继电器

1区继电器通过程序识别位于线路区间上的80%至90%的故障,并瞬间发出引导信号(如1~3个周期)。

在这个例子中,故障发生在1区的A断路器上,A断路器瞬时被引导,故障清除只依赖于断路器打开并中断电流的时间。

7.4.1.2 2区继电器

2区继电器通过程序识别位于线路区间及下一个线路区间一半的故障(大约120%~150%)。发出的引导信号具有延迟,与1区间协调。

在这个例子中,故障发生在2区的B断路器上,引导信号会短暂延迟。在区域防护方案中,光纤、微波、电力线载波或铜线电路通信系统在合适的时间内传输引导信号给反方向的断路器。在这个例子中,A断路器会发送一个传输引导信号给B变电站,通知B断路器忽略它所在的2区的时间延迟设置,而被瞬间引导。这样在区域的两端都有高速线路清除信号,尽管在2区继电器中还有正在生成的时间延迟信号。

注意:如果故障发生在线路的中间,该线路的两端将会以很高的速度引导1区域。

7.4.1.3 3区继电器

3区继电器是为了识别保护线路区间和下一个线路区间,以及下下一个线路区间的一半作为补充(大约250%)。引导信号的延迟要大于2区域,以协调2区域和1区域防护。3区域提供候补。

7

在上面这个例子中,没有涉及3区域的候补防护。如果2区域的断路器不能引导线路,3区域将会作为候补引导线路。

电力系统中作为系统防护方案的不同类型的电信系统将在第9章讨论。

7.5 变电站防护

变电站防护通常伴随使用差分继电器。差分继电器保护主变压器和总线免受故障影响。变电站的差分继电器与第6章住宅布线部分讨论过的GFCI断路器很相似。在GFCI插座断路器中,流出热支路的电流必须小于或等于流回零线端(白线)的5 mA,或者GFCI断路器将被引导。类似的,在变电站变压器和总线支撑结构中,用差分继电器来监控防护区域中的电流输入和电流输出端。这些概念适用于变电站变压器和总线防护方案,将在以下部分讨论。

7.5.1 差分继电器

差分继电器通常用来保护总线、变压器和发电机。差分继电器的工作原则是流入防护设备的电流必须等于流出该设备的电流。假如检测到一个差分条件,则所有可以馈入该设备任意一端的故障电流的源端断路器都将被引导。

7.5.2 变压器差分继电器

变压器的高端和低端上的电流变压器分别连接着一个变压器差分继电器。匹配电流变压器通常用来补偿变压器的绕组匝线比。如果调整了线损和磁化现象导致的微小差别,检测到变压器的输入端和输出端的变化,继电器会引导源端的断路器(组),使变压器立即断电。

7.5.3 总线防护方案

总线差分继电器在变电站内保护总线。流入总线的电流(通常存在电力变压器)必须等于流出总线的电流(所有传输线和配电线路的总和)。在总线上的线端到地端的故障将会扰乱不同继电器间的电流平衡,导致继电器间的连接断开,继而初始化给所有源端断路器的引导信号。

7.5.4 过电压和欠电压继电器

系统防护继电器的另一个应用是检测高或低的总线电压。例如有时用过电压继电器控制(如关闭)变电站的电容器组,用欠电压继电器来开启变电站的电容器组。过电压或欠电压继电器也用来在其他非正常情况下引导断路器。

7.6 发电机防护

旋转的机器由于设计、技术和材料原因,发生故障的可能性较小。然而,故障也有可能发生,产生的后果也可能很严重。提供合适的发电机防护是十分重要的。这一部分总结了防护非常昂贵的发电机的技术方案。

当一个发电机因为任何原因断电,首先需要判断发电机提供电力的方式。下面是发电机应避免的操作,及用来保护发电机的设备和防护方案。

7.6.1 线圈短路

差分继电器通常可以对发电机定子里的线圈短路提供足够的防护。流入线圈的电流必须等于流出线圈的电流。如果线圈对地端出现故障,发电机的断路器就会被引导。

7.6.2 不平衡的故障电流

当发电机发生故障时,尤其是非平衡故障发生时(如线端—地端的故障对应于一个三相故障),这些作用在发电机上的很强的磁力不能持续过长时间,否则会快速导致转子过热,造成严重的损坏。为了防护这种情况,反向旋转(如相反序列)继电器产生能使转子反方向运动的电流。正向序列电流则会使转子朝电流方向旋转。

7.6.3 频率偏移

一个发电机的频率可能会受到过负载或欠负载条件及系统干扰条件的影响。频率偏移可能会导致过激励。低频率偏移过低可对辅助设备产生影响。例如变电站的服务变压器,它是用来在发电站给从属设备提供电力的。低频率继电器和伏特/赫兹继电器常用来防止产生过度的频率偏移。

7.6.4 励磁损耗

当发电机发生励磁损耗时,系统会重新给发电机供电。彻底的励磁损耗将会使发电机失去同步性,需要使用励磁损耗(如欠电压继电器)引导发电机。

7.6.5 现场地面保护

现场地面保护用来保护发电机的现场线圈(如在转子线圈和定子线圈之间的故障)不发生短路。在现场线圈中的故障可能会导致严重的不平衡,造成发电机振动,也可能损坏发电机的转子杆。

7.6.6 电动机

这是由于发动机旋转杆上没有足够的机械能量产生的问题。当这种情况发生时,电流从系统流向发电机,使发电机像一个电动机一样旋转。电动机可能造成涡轮机叶片过热。如何防护使发电机不出现电动机的情况是迫切需要解决的问题,通常也会通过引导发电机实现。

7.7 发电机同步

同步继电器安全地连接两个三相线路,或者在线放置一个旋转的发电机。图 7-7 是一个需要关闭的发电机断路器。首先应该满足四个条件以安全地连接两个三相系统。如果不满足这四个条件可能会导致设备（如发电机）出现灾难性的故障。注意：得到许可的继电器会用在这样的电路里来关闭隔离断路器，直到所有的条件都满足再打开。“得到许可的继电器”的作用相当于在汽车发动之前系上安全带。

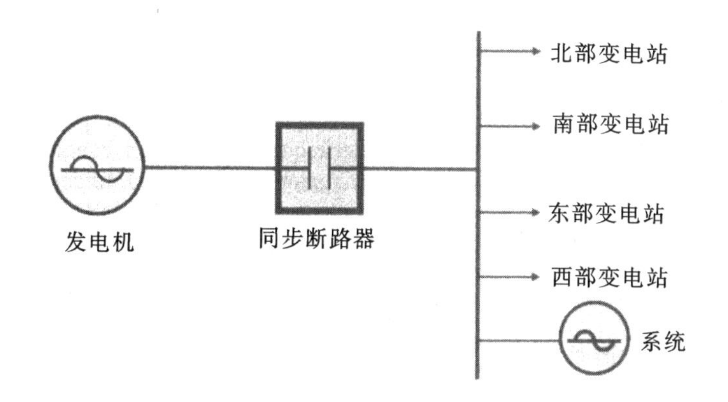

图 7-7　发电机同步

7.7.1　条件 1 频率

在断路器关闭之前，发电机的频率必须和系统相同。如果断路器两端的频率在断路器关闭之前不匹配，会使发电机加速或减速，造成物理损坏或者引起瞬态过激电流。

7.7.2　条件 2 电压

连接到系统的断路器两端的电压必须接近同一幅度。电压差过大会引起瞬态过激电压。

7.7.3　条件 3 相位

在同步的断路器可以关闭之前，发电机的相对相位角度必须等于系统的相位角度。（注意：相同相位只需在断路器的两端各匹配一个相位即可。）为了确保这一条件，断路器两端的频率可以是 60 Hz；如果一端的相位可能在周期的正峰值处，而另一端的相位可能在负峰值处，这是不能被接受的。

7.7.4　条件 4 旋转

通常，安装时会确定旋转。旋转取决于匹配发电机的 A、B、C 端相位与系统的

A、B、C 端相位，旋转确定后不能更改。

7.7.5 同步步骤

如图 7-8 所示的同步继电器和/或同步示波器可以帮助发电机与系统连接匹配。同步示波器显示发电机的系统相对速度。顺时针方向旋转的指针显示了当前发电机比系统旋转得稍快。关闭断路器的通常步骤是使发电机旋转得比系统稍快，或当断路器被关闭时发电机朝正向加速。一旦断路器被关闭，指针将停止旋转，发电机立刻向系统输出电力。

图 7-8 同步示波器

7.8 全套传输线防护

图 7-9 标示了主要互联电力系统中对许多区域的防护。所有的区域会有重叠地提供一套对线路、总线、发电机和变压器故障的整体防护措施。重叠作用是通过在被防护设备的两端使用多个 CT 来实现的。

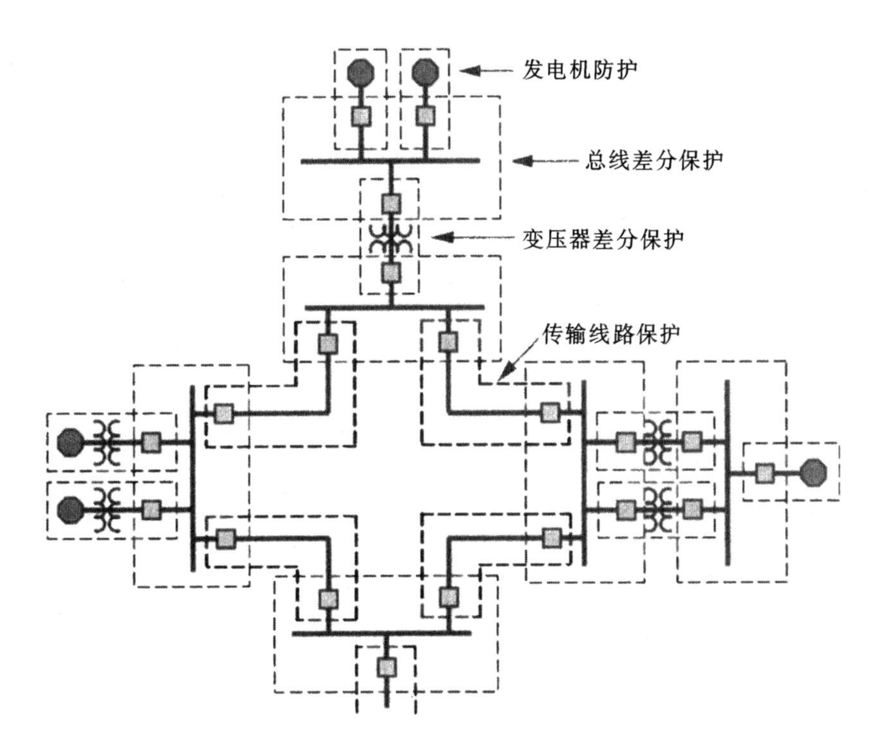

图7-9　传输线路防护

第 8 章
互联电力系统

学习目标

√ 学习互联电力系统优于独立控制区的原因。
√ 列举北美主要的电网。
√ 解释独立系统运营商(ISO)及作用。
√ 了解平衡管理局的功能和职责。
√ 解释在联络线上如何计划用电和运输电力。
√ 学习电网的可靠性、稳定性和电压控制。
√ 探讨系统需求和发电机负载的关系。
√ 了解旋转备用和无功供应的作用。
√ 学习剩余电力销售。
√ 列举需要监控以保证电网可靠性的情况。
√ 讨论系统控制操作员应当如何避免重大干扰。
√ 分析系统受到严重干扰的后果。

8.1 互联电力系统

互联电力系统(如电网)相比独立供电区,具有更多优势。大型电网可以利用电能惯性,最大程度地保证系统稳定性、可靠性和安全性。电能惯性将在后文详述。当今监管环境下,大型互联电网为电力销售和电力市场提供了新的机遇,带来了更多收入来源,形成有偿资源共享规模。

电力系统形成互联电网。互联系统能够提高电网的稳定性、可靠性和安全性，降低储备成本，并能稳定频率，避免电压崩溃，减少了不可预见的甩负荷情况。

电力系统公司还能通过信息交换获益，例如联合规划研究，在紧急情况(如风暴灾害)下合作，共享通信、系统控制中心和能源管理新技术。

本章重点在于互联电力系统的电学基础，电力监管及相关组织只作简单阐述。

8.2 北美电网

北美电力稳定性委员会(NERC)负责保证北美地区大型电力系统的稳定、充足和安全，监管运行标准的执行。NERC 建于 1968 年，是一个主管北美地区电力的生产、传输和分配，及其相互关系和共同利益的半监管组织。最近，NERC 被赋予了强制执行运行标准的权力。

美国和加拿大的大型互联电网系统由四个独立的电网组成：西部电网、东部电网、魁北克电网和德州电网。图 8-1 为北美电网结构图。

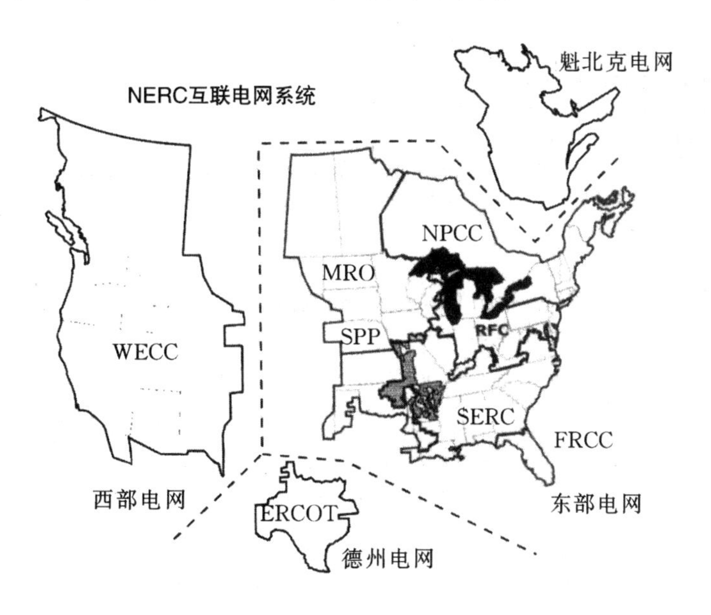

图 8-1 电网互联结构图

三个电网按照地域或所属电力公司划分，拥有独立的互联传输线路和控制中心。频率和系统传输电压都是 60 Hz，区别在于所有权、地形和燃料资源不同。电网中的所有发电机组同步，共同承担总负载，形成可靠的大型电网。

8

8.3 监管环境

电力产业的监管环境不断变化，导致电力公司结构具有不确定性。电力公司多为发电、传输或分配公司，以满足新监管框架的要求。

对于政策调整造成的无监管电力产业，为避免潜在冲突，零售电力部门的员工必须与发电和传输部门的员工隔离，保证公开市场的公平。这是因为有观点认为知晓公司的优势、劣势以及未来建设项目会带来不公正。必要时，输电和配电员工也需隔离。

图 8-2 为无监管模式的分区，依据变压器绕组不同进行分区。设备所有权安排需要具体问题具体分析。

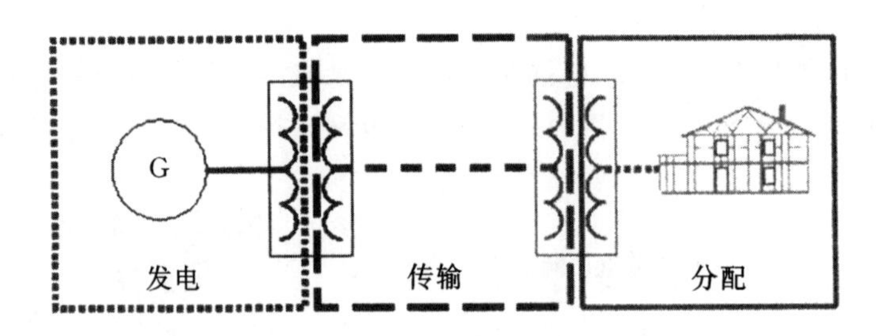

图 8-2 监管分区

8.3.1 独立系统运营商(ISO)和区域输电运营商(RTO)

联邦能源监管委员会(FERC)规定独立系统运营商(ISO)和区域输电运营商(RTO)为联合输电业务领域。各团体共同努力、共享信息，满足市场能源需求。

美国的独立系统运营商(ISO)是一个联邦监管的区域组织，负责协调、控制和监视，通常以州为单位提供服务。区域输电运营商(RTO)的功能和职责类似，负责多个州，如宾夕法尼亚州-新泽西州-马里兰州联盟(PJM)。

ISO 及 RTO 作为提供批量电力的市场，自 20 世纪 90 年代起进入自由化经营时代。ISO 和 RTO 多为非盈利机构，按照 1996 年 4 月联邦能源监管委员会(FERC)规定的管理模式运营。FERC 888/889 号命令要求电网向电力供应商开放，建立开放存取实时信息系统，协调输电供应商和用户的供求。

在加拿大，独立系统运营商和区域输电运营商被称为独立电力系统运营商(IESO)。

目前北美地区有五个 ISO：

(1)阿尔伯塔省电力系统运营商(AESO)；

(2)加利福尼亚州 ISO(CAISO)；

(3)德克萨斯州电力可靠性委员会(ERCOT)，同时也是区域可靠性委员会(见下文)；

(4)独立电力系统运营商(IESO)，负责安大略省电力系统；

(5)纽约 ISO(NYISO)。

目前北美地区有 4 个 RTO：

(1)中西部独立输电系统运营商(MISO)；

(2)ISO 新英格兰(ISONE)，尽管名称为 ISO，但实质是 RTO；

(3)PJM 联盟(PJM)；

(4)西南电力库(SPP)，同时也是区域可靠性委员会(见下文)。

8.3.2　区域可靠性委员会

北美电力可靠性公司(NERC)的任务是提高北美大容积电力系统的可靠性和安全性，包括 8 个地区成员可靠性议会。这些成员来自电力行业的各个领域：投资者拥有的公用事业，联邦权力机构，农村电力合作社，州、市、省级公用设施，独立电力生产商，电力市场和终端用户。上述机构为美国、加拿大及墨西哥北下加州部分地区提供电力。

(1)德州电力可靠性委员会(ERCOT)；

(2)佛罗里达州可靠性协调委员会(FRCC)；

(3)中西部可靠性组织(MRO)；

(4)东北电力协调委员会(NPCC)；

(5)可靠性第一公司(RFC)；

(6)电监会可靠性公司(SERC)；

(7)西南电力联营公司(SPP)；

(8)西部电力协调委员会(WECC)。

8.3.3　平衡管理机构

北美电力可靠性公司(NERC)必须在平衡管理机构设定的计量范围内，进行所有发电、输电和负载的互联操作。在市场自由化之前，平衡管理机构等同于电力公司。电力公司控制传输和发电，维持发电及负载的平衡。公用发电、传输和负载都属于公共控制范围，受到平衡管理机构监管。针对当前的自由化市场，NERC

授权平衡管理机构控制多种发电方式。

平衡监管机构的职责包括维护线上发电储备以防发电机线下故障，通过自动发电控制(AGC)系统控制发电，负责电子通信，为计算区域控制误差(ACE)和计划与实际联络线的误差提供数据。AGC 和 ACE 将在本章后面详细论述。

8.4 交换计划

图 8-3 中可以看到公司间不发生电力交易时，电力公司 A、B、C、D 的净功率之和为零。互联系统中独立公司的内部净交换等于该公司与其他公司联络线的总和。每一条联络线都需要精确计量，定价协议决定联络线中的电能。定价协议也包括紧急情况、计划停机和意外电流等特殊情况。计划与实际联络线误差(通常为不足)发生时，需要进行测量并由当事双方协商解决。

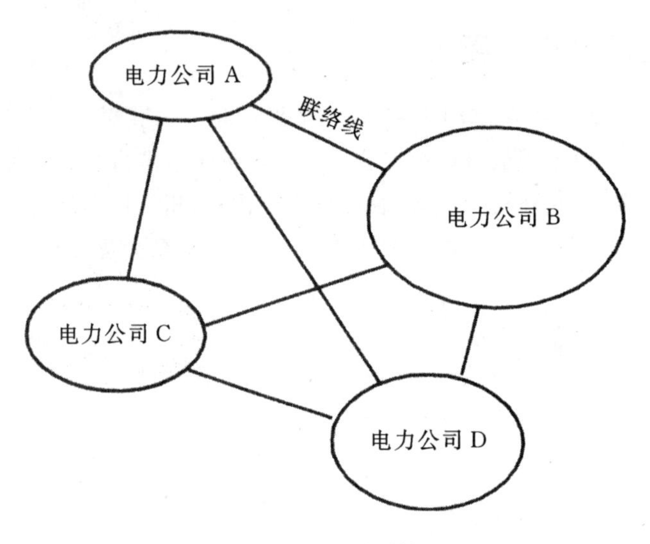

图 8-3 互联系统

8.4.1 区域控制误差

ACE(区域控制误差)是指平衡监管机构的实际交换净流量与计划交换流量的差值，计算差值需要考虑频率与计量误差。恒定联络线交换功率控制是指在实际交换电流中密切监控联络线。定频率控制则仅监控频率。当 AGC(自动发电控制)控制联络线和频率时，ACE 又被称做联络线偏差。联络线偏差允许平衡监管机构维持互换计划，响应联网频率错误。AGC 系统是能量管理系统(EMS)的一部分。系统操作员使用的 EMS 计算机程序工具将在第 9 章详细论述。

需要严密监控和报告整条联络线的偏差。偏差是公认的标准运行约束条件 ACE,监测并调整联络线流量有助于互联系统稳定。

8.4.2 时间校正

电网可以调整发电模式,以秒为单位实时匹配电网频率。时间误差由平衡监管机构计算,是每秒 60 转的频率与国家标准技术研究所规定的时间之差。时间误差由时间段内的频率误差引起。可以通过调整大容量发电和轴转速纠正时间误差。

每秒 60 转,那么一分钟就是 3600 转,一天是 5184000 转。如果实际转数与计划转数不匹配,电网频率需要相应调整。时间校正需要每日进行,严密监控电网关键点的频率,只允许系统频率微小波动,保证时间与频率匹配。

8.5 互联系统操作

我们已经讨论了电力系统中的发电、传输、变电站、分配、消费、保护和电网组成元素等主要部分,接下来讨论的是保证互联电力系统稳定可靠的基础概念、限制和操作条件。

8.5.1 电网惯性

惯性是构建互联系统的基础之一。惯性是静止物体保留静止状态,运动物体继续运动的倾向。质量越大,惯性越大。例如,重型发电机轴等旋转物体会持续旋转。电网内的旋转发电机越多,电网抵抗变化的惯性越大。电力系统可以通过增加惯性提高稳定性和可靠性。

建立由多个旋转机器组成多个旋转系统的互联系统,是电力系统保持电气惯性的最佳方式。这里的“机器”与“发电机”对应,电机和发电机都具有电气惯性。部分发电站,如太阳能光伏发电站等不依靠系统惯性运行的发电站不需要旋转部件。电力系统稳定器(PSS)安装在发电机上,补偿因故障减少的惯性。故障时,调节器通过 PSS 决定涡轮杆数量,自动响应,保持惯性。

图 8-4 描述的是稳定状态下互联电力系统中的惯性和频率稳定性。假设负载卡车以每小时 60 公里的速度运行,互助负载上山。由于坡度增加(系统损耗及负载不断增加),卡车需要开启油门(开启调节器)保证时速不变。如果坡度增加幅度超过现有卡车的负载能力,则需要增加卡车数量分担负载以保证速度(频率)。

如果坡度下降(损耗和负载降低),油门关闭保持速度。如果负载显著下降,则减少卡车数量。这个例子中时速 60 公里代表系统频率,橡胶带代表传输线,卡车代表发电机,卡车承担负载。

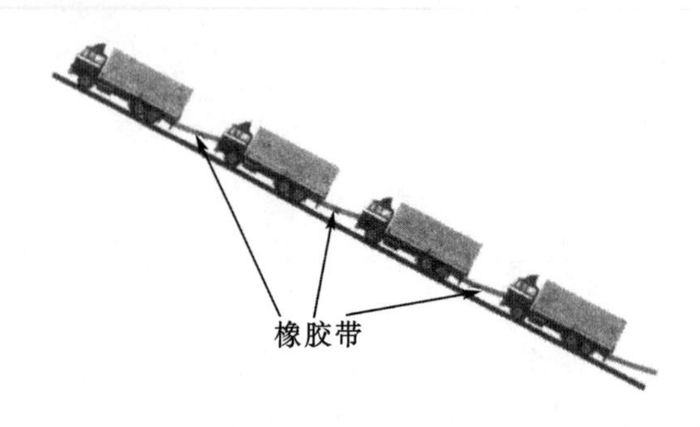

图 8-4 稳定状态

这也应用于大型综合电网。电网发电机共同分担负载,决定电器输出频率。负载增加时,激励发生变化,发电机减速,并调整橡胶带(即传输线)。发电机组和输电线协同工作的系统产生可靠性极高的电力服务,提供恒定的频率和良好的电压,平衡发电与负载。

8.5.2 平衡发电条件

转子角度变化使发电机产生电能:转子转角为 0°时产生的电能为 0,转子转角为 90°时产生的电能最大。当两个同型号的发电机连接到一条总线上时,如图 8-5 所示,发电机产生的电能相同,转子转角也相同。这是平衡发电的条件。三台发电机也是如此,能产生更多联合输出电能。

8.5.3 非平衡条件

同型号的两台发电机连接到一条总线时,如果转子转角不同,如图 8-6 所示,两台发电机的输出功率不同。这是非平衡发电条件,励磁机电流增多会增加转子磁场。增加涡轮机蒸汽的同时,励磁机电流增大,克服转子转速的限制。这样在同样频率下,增加系统电能。增加励磁机和蒸汽可以提高转角,增加系统电能。

当不同大小但输出电量相同的两个发电机组连接到同一总线时,大发电机转角小于小发电机。因为只有 90°转角时才会产生最大功率,大发电机的转角小于产生等电量需要的转角。

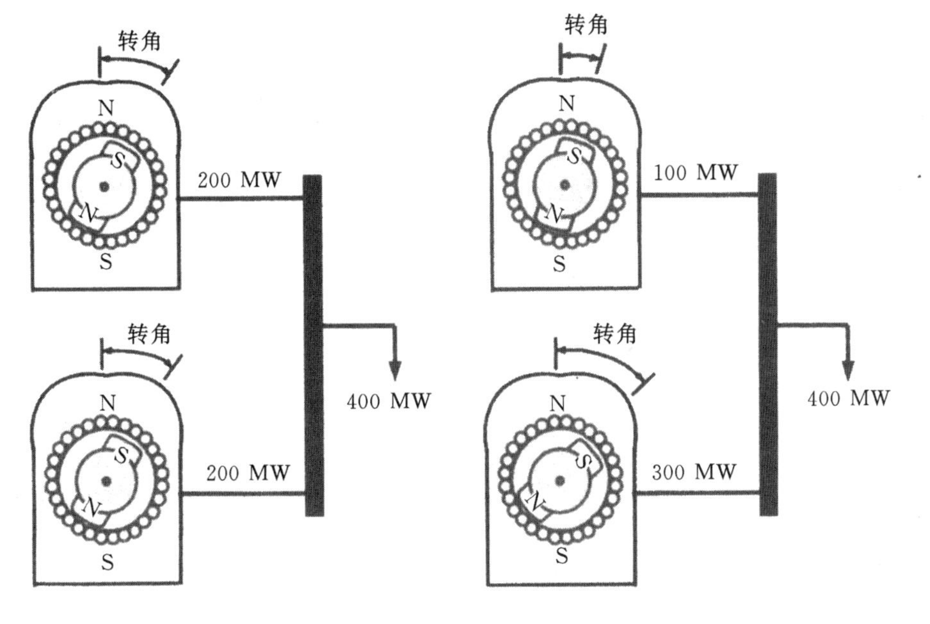

图 8-5　平衡发电　　　　图 8-6　不平衡发电

8.5.4　系统的稳定性

稳定性是指电网处理系统干扰和电力系统故障的能力。稳定的系统无需消耗电能即可从故障中恢复。不稳定的系统会使发电机断电、降低负荷，如果幸运的话系统会缓慢稳定而不引起大范围停电。

系统稳定性与发电机负载直接相关。发电机负载变化时，转角同样改变。如图 8-7 中的稳定系统，系统故障发生后转角变化/摆动会进行调整，恢复到稳定状态。系统在转角稳定后，也随之恢复稳定，这有助于重大线路故障后系统恢复。

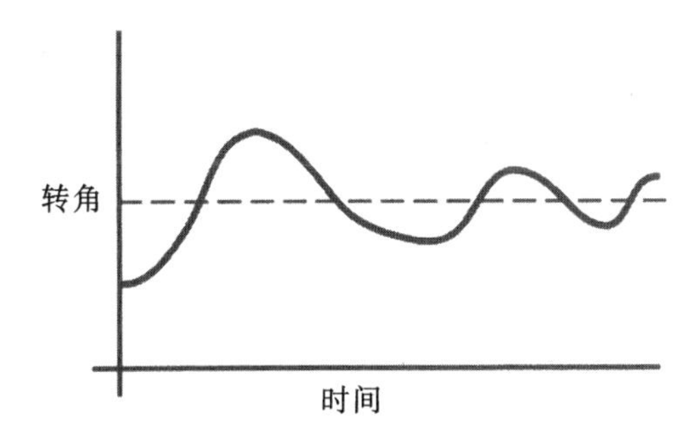

图 8-7　系统稳定性

8.5.5 系统的不稳定性

负载条件改变时，发电机转角也会改变。发电机负载的突发剧烈变化会引起转角波动。如图 8－8 所示，剧烈波动导致发电机不稳定，甚至跳闸离线。发电损失会对系统其他部分造成低频影响。如果发电负载不能迅速恢复平衡，负载将被切断，进而断电。负载损失会使发电机转子过度波动引起跳闸，需要采取措施恢复发电与负载之间的平衡，否则系统会持续处于不稳定状态，最终造成大范围停电或整个系统断电。

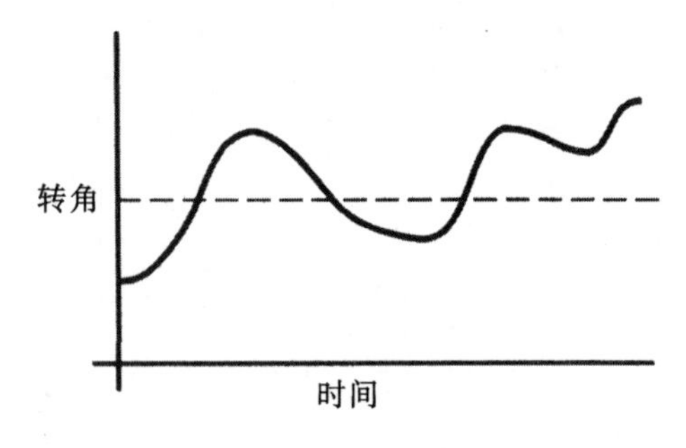

图 8－8　系统不稳定性

8.5.6 条件稳定

每个发电机组和电网作为一个整体运行的条件被称做限制条件稳定。如图 8－9所示，小球被推到左侧后，会由于惯性滚回至底部并滚上右侧，最后落回底部。如果小球被推得过高，则可能会从右侧滚落，这意味着发电机跳闸离线。

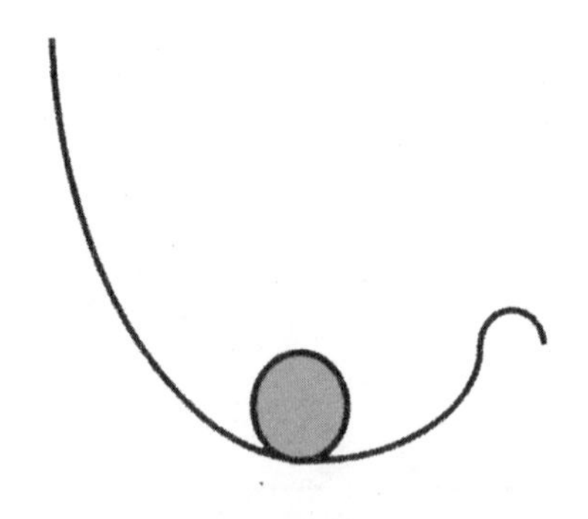

图 8－9　条件稳定

以上是发电机与转角的关系。系统故障（过载电流）时，会导致负载断路器跳闸(电流不足),或其他会引起转角不稳定的电源干扰。如果不能满足使机组和系统恢复稳定的条件限制,发电、负载断路器会跳闸,系统失去稳定性,导致级联故障和大范围停电。

电力系统分析主要是判断运行的限制因素和条件稳定的限制因素。操作的限制因素包括工程和规划部门分析负载增量,单相、双相和三相应急停机,新建筑的影响及其他计划或非计划的系统修改。工程和计划措施影响系统容量利用率和意外发生后恢复稳定速度的差别。峰值、非峰值条件和设备维护发生故障时的参数都不同。

8.5.7　机组调节和频率响应

稳定系统的频率会一直保持在预设的 60 Hz,只会发生微小偏差,这是通过快速频率响应的机组调节实现的。发电机组控制系统频率,线上发电机作为“负载流动机组”负责机组调节和频率响应,保证系统保持 60 Hz 的运行频率。

电力公司的运行模式为“负载跟踪”,即用户无需告知电力公司即可自行开关负载,电力公司必须调整发电,满足随时变化的负载需求,进行预测和规划。

8.6　系统需求和发电机负载

系统总需求是指有效内部发电能力和联络线输入资源控制范围内的系统净负载。选用系统发电机时要考虑增量成本和发电机类型。用于基础负载的发电机可以支持全天候运转。用于负载高峰的发电机组成本高于基础负载,因此属于不同类型。负载跟踪机组也需使用不同类型的发电机。负载跟踪机组可作为高价基础负载机组使用,支持全天候运行,相比风力发电机等其他峰值发电机,负载跟踪机组价格低廉,较为常用。

图 8-10 为内部发电需求的 24 小时需求曲线,由基础负载、负载跟踪和峰值发电机组提供。发电机组 1、2、3 是基础发电机组,操作成本低,支持全天工作。发电机组 4 和 5 为负载跟踪机组,维护 ACE 和联络线偏差。发电机组 6 和 7 是高峰机组,操作成本高,支持快速启动,协助平衡负载。

8.6.1　旋转备用

化石燃料发电机跳闸后重启需要数个小时,重启核电站则需要几天。旋转备用是指在线发电机或输入传输线因系统干扰跳闸时,无需操作员操作,随时可以上线的发电能力。旋转备用分为两种:满足变化的负载条件的必要旋转备用和发生

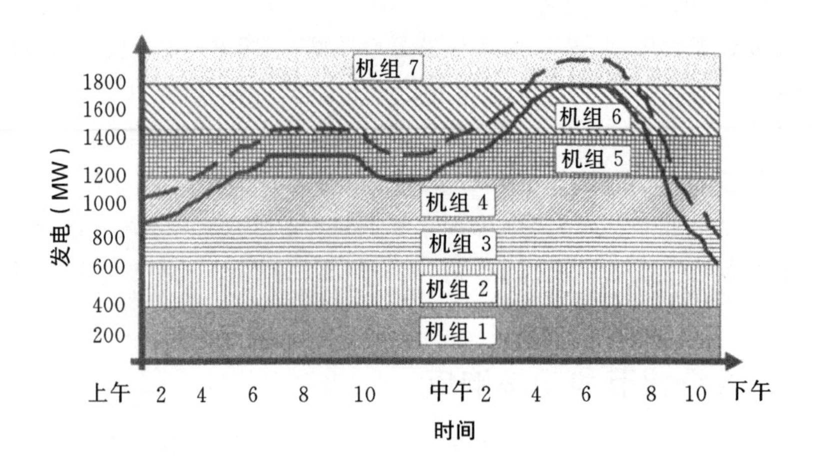

图 8－10　发电机负载

干扰时快速响应的旋转备用。满足变化负载条件的发电机组通常是“负载跟踪”机组。旋转备用机组的其他类型可以快速响应发电机损耗，帮助系统恢复稳定，或输入联络线。快速响应机组也可用做初始脱机高峰机组。北美电力可靠性公司(NERC)规定了旋转储备的规范和标准。

通常，旋转备用的发电机组可以单线满足变化的负载模式。旋转储备只作为补充储备，不提供负载。能提供 5%～10%负载的机组即可用于旋转备用。旋转备用的其他来源有峰值发电机、燃气涡轮发电机以及甩负荷保护方案等。

8.6.2　销售能力

运营商可以从其他地区进出口能源，并在现货市场或通过长期的销售协议出售多余能源。销售的本质在于负载需求和发电能力。例如，美国西北地区通常有丰富的水电出售。超出负载需求和发电能力过剩的电能可以公开出售。

如图 8－10 所示，4、5、6、7 号发电机组可以满载运行，产生向周边公司出售的电能。

8.6.3　无功储备和电压控制

无功功率为感性负载提供电能。无功功率由发电机组、可切换电容器组和联络线合同协议供应，要求系统控制员实时处理。电能协议包括发电要求、无功功率供应和电压限制条件。上述资源的共享需要成本支持。有功功率和无功功率可以在保证系统稳定的前提下进行公开市场买卖。

系统电压由无功供应源供电，供应源包括发电、可切换电容器、电感电抗器和静态无功补偿器。电容器开关负责控制电压，在系统电压过低时提高发电机输出，电压过高时关闭电容器、开启电抗器。夏季峰值时，空调负载达到最大值，系统电压最低。部分地区负载峰值是在冬季，电阻加热需要负载量最大。最高系统电压通常出现在负载最小的夜晚，而系统最低电压出现在傍晚，负载最大。

8.6.4 发电机调度

发电机调度是日常运作的主要内容。系统由属于用户的独立电力生产商（即商业发电站）和标准电力公司发电站组成。这些发电站都需要遵守成本或合同要求安排调度。操作员每日规划，以最低成本机组完成调度“基础负载”标准，更高成本的机组在较高负载时段工作。其他机组用做负载跟踪或在峰值时启用。基础负载和峰值机组搭配使用为系统操作员提供了高效和可靠的资源，满足系统对于稳定性的需求。

负载预测影响总发电量决策，会对电能买卖的信息造成影响。

分配机组进行每日或每周工作的过程极其复杂，需要考虑许多变量。为解决这个问题，电力公司启动了机组组合项目。图 8 - 11 中的图标为满足预测负载机组选择的决定因素。

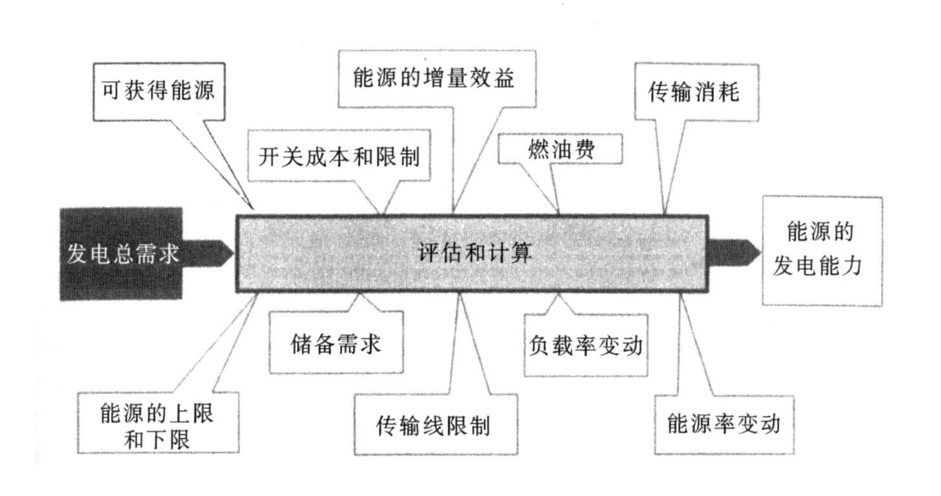

图 8 - 11　影响发电机调度的因素

8.7 电网的可靠运行

下面讨论在正常和紧急条件下有助于可靠电网运行的因素。

8.7.1 正常操作

正常操作是指可以满足负载需求、频率稳定、传输线路良好、备用电源充足,不会发生需要采取补救措施的紧急故障。就目前的电力系统而言,正常操作包括保证多个发电机组和传输线满额运行,安排设备停机维护,应对计划停电、切换线路和设备维护等日常活动,协调新项目建设等。

下面讨论内部的日常运行。

8.7.1.1 频率偏差

发电机的工作带宽仅为60 Hz。电力系统中的参数有严格标准,这些参数的频率偏差会导致跳闸。传输系统与各种发电源连接,频率偏差也可能保护其他来源,使传输线跳闸。频率偏差必须严格检测,迅速纠正。系统操作员监控频率偏差的常见原因有以下几种:

(1)突发供应/需求不失衡。电源损耗会降低频率,负载损耗会增加频率。发生危害系统频率的事件时,频率偏差不可忽略,操作员或自动发电控制系统必须立刻响应。

8

(2)短路或线路故障。主要输电线路的故障可以通过断路器解决。线路中断会给其他发电机造成负载骤变。

以上情况的应急反应,可以自动响应,也可手动执行。发生异常事件时,系统控制操作员可以随时采取补救措施。

8.7.1.2 连锁故障

任何异常情况或系统干扰都可能引起连锁故障,可能导致传输或发电级联序列的损失。例如,2003年8月影响了美国东北部大部分地区的停电是级联中断引起的。最初是东北地区的传输和发电设备缺乏维修,一条负载过重的输电线路垂落到树上导致跳闸。跳闸时,俄亥俄州的主要城市处于“输入”状态,电能由传输互联系统提供。第一线路跳闸,其他互联传输系统超载运行,导致几条主要传输线路逐步跳闸脱机。

传输线路断开后,系统会发生过载和短缺,造成频率偏移,线路在线剩余电能因过载降低。相关设备在线电能储备无法满足需求,发电机组跳闸。可以正常工作的发电机数量减少,导致问题继续恶化。

当供给无法满足负载时,每个系统在故障发生时都有一定时间离岛(即从电网分离),留给控制操作员的反应时间少于一分钟。在此时间内,如果设备没有从电网断开,无论是储备电能还是低频甩负荷计划都无法满足内部负载需求。留在电网的设备会造成连锁故障持续。

最终,整个电网没有电力供应,只有断开的系统可以继续在连锁故障发生时供电,或部分供电。近几年,因为发电站和传输线的建设速度跟不上需求,美国电网发生了多次故障。可以采取措施预防连锁故障。以下措施可以提高系统稳定性,降低未来发生连锁干扰的可能性。

(1)新资源建设。电力需求增加和结构调整,现有的传输线和发电设备已经无法满足需求,这导致储备电力越来越少。建设更多的发电站和传输线将显著提高系统的可靠性。

(2)传输评级。NERC 近期重新评定了传输设备,要求设备可以随时停止工作,保证在任何时候和任何评定标准下,传输线路都具有足够的传输能力保证输入限制能够维持系统完整性,这对维持系统稳定性非常重要。

(3)低频减载计划。需要更新电力系统保护方案,满足新负载和电网需求。

(4)控制操作员的培训。保证新准则和要求到位,使操作员持续接受教育和培训,适应系统需求变化。

8.7.1.3 电压偏差

系统的电压偏差会引起系统运行故障。电压限制不如频率限制严格。电压的限制和控制通过发电和其他相连设备,如稳压器、电容器和电抗器实现。提供负载的设备对于电压振动的要求高于频率振动。控制操作员需要注意以下可能会导致系统电压显著偏离的情况:

(1)失控限电。失控限电是指电网的电压过低,可能持续时间较长,会导致部分恒定功率设备,如电机等发生故障。

(2)电压浪涌。电压浪涌多出现在服务恢复和发生高电压瞬变时,通常是暂时和短期的。这种电压偏差可能会损坏用户设备,造成设备故障。

电力公司需要将电压维持在行业标准或监管机构设定的公差范围内。制造商设计的用户设备也遵循以上规定,保证设备在正常电力公司服务范围内安全运行。系统操作员有责任控制偏差在固定公差内,通过对系统实时状况进行持续监控和调整,保证电压稳定性。

8.7.2 紧急操作

电力系统发生断电、故障、甩负荷，或遇到恶劣天气，电压或频率不稳定时，需要工作人员迅速响应，采取紧急措施进行应对。

监管机构制定计划和日常运行标准，电力公司确保系统在正常和异常条件下稳定运行，避免发生紧急状况。异常或紧急状况下，电力系统的任何操作都需要具有专业培训和经验丰富的操作员进行。操作员的经验和对系统能力的熟悉程度可以影响事故严重与否，是小范围干扰还是整个系统关闭。本节讨论紧急操作条件下操作员需要面对的情况和执行的操作规范。

下面讨论紧急操作。

8.7.2.1 发电损失

设备故障或其他故障可能导致发电机跳闸下线。在故障排除前，发电损耗会使负载大于供应。电力公司无法储存电能，电力系统需要应对频率变化时发电和负载的差异，必须在极短时间内进行即时正确的响应。为补偿发电损失，采取以下措施：

（1）旋转备用。如前文所述，旋转备用支持在线发电，并随时接受额外负载。旋转负载可以支持“意外的最大单线程 5%～10%负载的补偿和接收”。如果跳闸的发电机是线路上最大的机组，电力公司将接入旋转备用，补偿机组损失。接入旋转备用需要反应时间。

（2）传输储备。传输储备提供电力损耗的瞬时响应。应用传输负载时，操作员密切监控传输负载状况和能力。

（3）应急发电。应急发电系统可以在较短时间（少于 10 分钟）内启动。这段过渡时间可以通过旋转储备和传输储备应对。应急发电通常位于变电站内，使用柴油等易于储存的燃料。

（4）控制限电。控制限电是指当发电和负载之间的差异不大时，可以通过降低分配电压进行补偿。这可能使灯光略微变暗，通常较难察觉。低电压会导致电阻性负载（如电加热器、白炽灯和其他住宅或商用电阻性负载）消耗更少功率。

（5）轮流断电。如果没有旋转备用和传输能力，电力公司无法迅速满足负载需求，那么甩负荷是维持系统稳定的唯一方法。进行轮流断电或完全断电操作时，操作员将关闭变电站配电断路器。低频保护继电器在频率变动时自动关闭配电断路器。操作员对甩负荷断路器跳闸的干扰使频率保持稳定，低频继电器自动启动使负载跳闸。这可能导致收入减少，降低客户满意度，不推荐使用轮流断电解决负载问题。

发电损失和应急操作取决于电力公司的发电和传输资源。电力公司很大程度上受制于发电能力，并且易受机组损耗的影响。此外，电力公司的电能大多从其他电力公司购买，无需考虑传输惯性，很少有失去自身发电机组的机会，但更依赖于系统干扰和系统外部的失控事件。

NERC 设定的可靠性标准要求电力公司或控制员在产生发电损耗的 10 分钟内调整系统参数，为下一次大型应急做准备。10 分钟看似很长，但因为其他事件(如继电器操作)可能会同时发生，需要快速行动。

8.7.2.2　传输源的损耗

因天气原因或发生故障导致的重要传输线丢失，与发电损失类似。传输系统以输入和输出的模式传递电能，传输线的缺失可能会造成不同情况。

(1)输出。处于输出模式的主要传输线会提供超出负载需求的电能，如果没有及时更正，系统会面临严重的过电压或低频。过电压会引起其他传输线的连锁故障。

(2)输入。处于输入模式的传输线会使负载大于供应。这与发电损耗类似，系统频率下降。自动甩负荷计划根据实际发电能力平衡负载，这时可能会发生断电。内部发电上线后，负载随之恢复。

发电的限制不断增加，许多电力公司依赖发电源满足增长的能源需求。传输损耗比发电机损耗更严重。

第 9 章

系统控制中心和通信控制

学习目标

√ 解释电力系统控制中心的重要性。
√ 讨论在电力系统控制中心中用到的设备。
√ 讨论 SCADA(监视控制和数据采集)。
√ 解释系统操作员监视和控制的内容。
√ 解释变电站设备是如何被远程控制的。
√ 解释能源管理系统的作用。
√ 描述系统操作员使用的软件工具。
√ 描述在 SCADA 中通信控制系统的类型。
√ 解释为什么在电力系统中越来越频繁地使用光纤。

9.1 电力系统控制中心

如图 9-1 所示的电力系统控制中心(ESCC)是一个一天工作 24 小时,一周工作 7 天的控制系统,以确保在它控制区域内的电力系统正常工作。当一个警报信号发生时,系统操作人员通过监视他们的控制区域,寻找出现问题的可能征兆并立即采取措施以避免主要系统受到损坏。操作人员被委以维护系统连贯性、可靠性、稳定性和连续性服务的责任。同时他们也负责协调现场调试人员的工作活动,以确保调试人员可以安全地在高电压线路和设备上工作。系统控制中心的操作人员肩负重要责任。

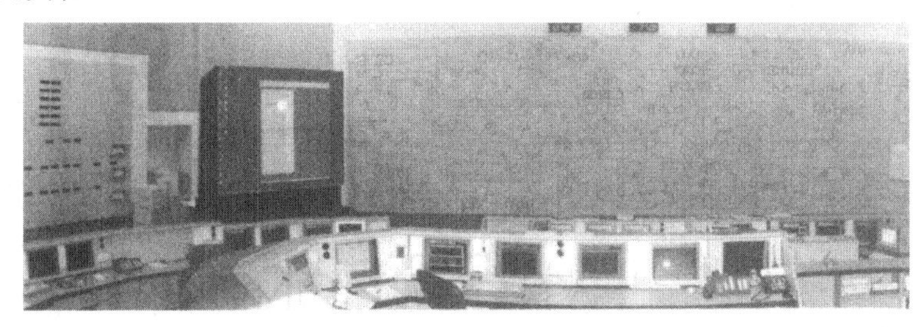

图 9-1　电力系统控制中心

在正常情况下,控制操作人员监视系统,当在监控区域内有设备发出警报时,立即做出响应。在紧急情况下,控制操作人员会谨慎地处理发生的警报,向现场人员请求,并跨部门沟通响应警报。他们意识到控制一个主要系统的复杂性和一旦判断失误可能造成的后果。

系统控制人员在处理过程中会用到很多工具。这些工具帮助他们提前分析假设一件事情发生后,基于实际的负载和线路电流可能会发生的场景,并且他们也有与其他判断位置的人沟通的直接通信线路。

ESCC 操作人员最主要的工具就是监测控制与数据采集系统(SCADA)。这套系统让控制操作人员监测、控制、派遣发电,并接收电力系统所有参数的报告。SCADA 系统是由位于中心的主计算机和一些贯穿整个系统的远程端单元(remote terminal units,RTUs)组成。在支持 SCADA 的通信设备上发生的设备失误或故障可能会促使控制操作人员做出不正确的判断。例如,在主计算机和一个 RTU 端之间的通信信道不会更新操作人员对变电站内的信息。操作人员可能不知道断路器当前是断开还是关闭的。缺乏信息的及时更新,对系统的可靠操作是很不利的,尤其会干扰对重要决定的制定。

通信设备用来在 ESCC 和 RTUs 之间以电子形式沟通信息。当通信设备或控制中心设备发生故障时,系统操作人员必须使用备用控制中心,以恢复对电力系统的监测和控制功能。控制中心和备用控制中心通常有紧急发电机和不间断电力供应系统(UPS),以确保给计算机、照明、通信设备或其他关键电力负载无干扰地提供电力。

这一章讨论在 ESCCs、RTUs 和通信系统中用到的设备。在本章结束时,读者应对系统控制操作涉及的内容有基础性的理解。

9.2 监视控制和数据采集(SCADA)

美国对差不多所有电子设备的基本操作都依赖于监视控制和数据采集(SCADA)系统。直到20世纪40年代晚期,许多设备在变电站都有独立的设置。有时它们可以一天24小时保持待命。SCADA系统的优势是变电站不再需要人力维护操作设备。不仅这样,设备需要立即获取系统信息以正确操作电力系统。

SCADA系统的基本功能是远程控制所有控制中心或备用控制中心里的每个变电站的所有重要设备。变电站的功能是与控制中心通信以测量、监测和控制变电站的设备。在控制中心,基本作用是显示信息、存储信息,检测到任何异常即发出警报,以及远程控制操作变电站里的设备,重新初始化设备以恢复正常工作。另外在变电站里没有的其他设备通过SCADA系统可能有远程控制功能,例如备用控制中心、传输线上的电机操作开关、紧急负载传输开关和自动发出命令端管理。

SCADA系统会对发电站、传输线路、变电站和配电线路提供可视化的图像呈现,依赖控制区域的职责,ESCC操作人员会对控制区域和功能进行控制操作。他们可能只需要检测相邻互联系统的情况。

当监控区域情况发生变化时,SCADA系统会警报控制操作人员。通常,SCADA系统会给操作人员全部控制操作设备的权限,以使设备恢复正常。例如,一个操作人员通过SCADA系统关闭一个断开的断路器,SCADA系统会发出警报以通知调度员这个断路器的状态已经闭合。SCADA系统内部有反馈显示技术。这使得操作人员能够确认当前闭合状态已经发生,操作人员可以接着监测结果。

9

图9-2描述组成SCADA系统的设备,包括控制中心、远程端单元和通信设备。注意地图栏、主计算机和将RTUs连接至主计算机的各种通信系统。

9.2.1 数据采集功能

SCADA系统的数据采集部分给操作人员提供了实时远程观测模拟电子量,如电压和电流值的功能。并且操作人员收到警报时也能知道显示的量值。例如,被引导的继电器、安全缺口、火警、带语音的警报等情况会向控制中心发出信号,在控制中心就会有可视化或可听化的警报形式吸引系统操作人员的注意。操作人员继而使用SCADA系统的控制功能远程做出改变。

一些模拟数据采集信息的例子包括:

- 总线电压;

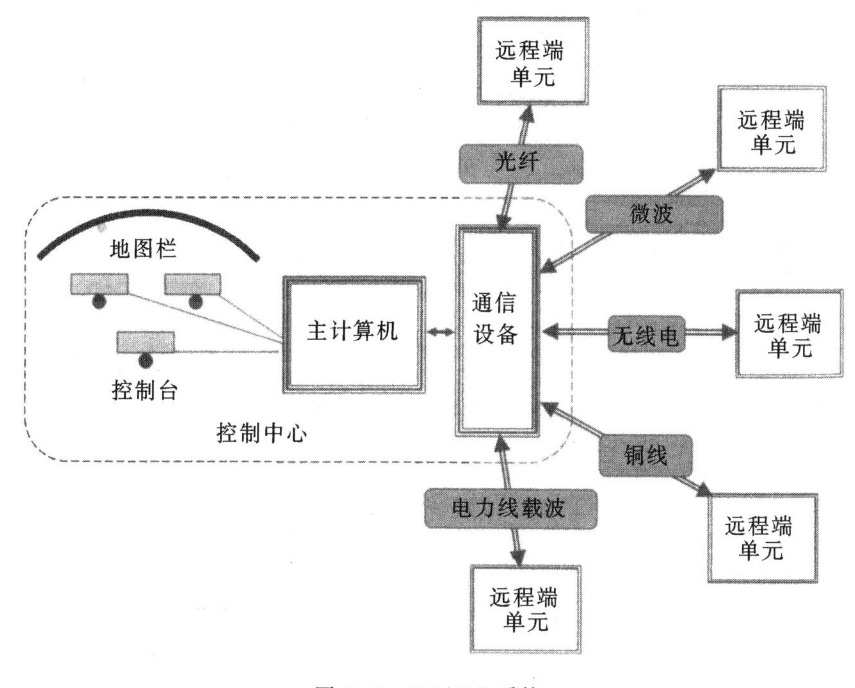

图 9-2　SCADA 系统

- 变压器瓦数；
- 馈电器幅值；
- 系统 VARs；
- 稳压器位置；
- 入口/安全警报。

一些警报和显示信息包括：

- 断路器 1274 号现在断开；
- 电动机操作开关 577 号现在闭合；
- 电站服务电力现在关闭；
- 控制建筑门现在打开。

SCADA 系统也会对累积数据进行通信，例如：

- 发电机组 1 MW 每小时；
- 发电机组 1 MVAR 每小时。

9.2.2　监测控制功能

SCADA 系统的监测控制部分允许操作人员在某一特定的子站远程控制/操

作设备，例如：

- 关闭断路器 1274 号；
- 打开电动机操作开关 577 号；
- 打开紧急发电机；
- 断路器。

9.3 能量管理系统

能量管理系统(EMS)利用先进的计算机编程和应用技术成为从 SCADA 中延伸出的主要技术。复杂的计算机编程发展为实时监控系统状况，通过初始化自动编程控制来操作实际设备。由许多个 EMS 系统控制的完美的自动化电网功能的例子是发电机。自动发电控制(AGC)是当今使用的 EMS 系统中最复杂的发展应用。智能计算机编程根据最经济和最具有系统可靠性的因素，用来加快或者减慢发电机。

其他非常重要的 EMS 管理计算机编程工具是用来改进大规模互联电网的可靠性操作。这些软件工具帮助减小电力生产成本，改进对当前系统操作条件的实时分析，提供信息以避免操作人员错误的决定，改进系统的稳定性和安全性等。术语伞被用来描述所有这些重要系统操作软件工具，如今作为能源管理系统或 EMS 被人们熟知。

下面阐述当今用到的最重要的 EMS 软件程序。

9.3.1 状态估计

状态估计程序收集所有电力系统状态，测量从 SCADA 远端来的数据，计算所有系统测量点上的负载电流和关键电压，并将它们校准为实时数值。这个程序对操作人员来说是一个强大的工具。状态估计程序使用所有可用的测量、已知值和其他相关信息计算电力系统中实际状态最为可能的估计值。例如状态估计程序用来计算新的功率流状态，如电压和电流，以帮助系统操作人员预测假设的场景。

9.3.2 意外分析

EMS 的可靠性软件通过假设场景来判断主要线路或变压器是否发生了严重故障，需要停止服务。其结果会根据不同情况的严重性和可能性列出潜在的意外情况，以及当每种情况发生时应该采取的推荐操作。

9.3.3　传输稳定性分析

稳定性软件根据实时条件，寻找传输线路负载条件和其他可将系统带向稳定性边缘的系统缺陷，得出一系列实时场景。它寻找上升的电压冲突，增加 VAR 要求，互换可能会引发问题的操作，并将结果报告给系统操作人员或 ESCC 工程师。

这个系统也会寻找电压稳定因素，以避免低电压和电压骤减问题。

9.3.4　动态安全评估

为了帮助系统操作人员确定其他潜在问题，动态安全评估程序会实时地报告出那些接近级别门限条件下的系统设备。例如总线电压接近峰值门限，线路接近过负载等信息都会报告给操作人员。同样也会考虑热量约束和紧急级别。这样可以帮助操作人员在问题发生之前确定潜在的问题，帮助他们在紧急情况下给操作留有余地。

9.3.5　紧急负载去除

EMS 系统有能力在紧急情况下去除负载。和欠频率情况下的负载去除继电器类似，如果频率下降，EMS 可以引导负载从断路器中馈电。操作人员可以将负载快速并且高效地下拉。系统操作人员可以在自动负载去除继电器操作之前协同轮流停电。

9.3.6　功率流分析

关于系统线路、变压器等的静态信息会被规律地送进计算机系统。例如，一个新的投入服务的传输线路的线路阻抗会进入 EMS 数据库。EMS 接着会计算新的功率流状态。该软件会在一天、一周、一月和一年的峰值条件之内报告具体的系统信息。这个功率流数据对于工程师规划决定未来电力系统的添加非常有用。

9.3.7　发电计划、日程和控制

EMS 对于计划发电需求是一个非常有用的工具。这个计划性软件会和负载预报信息、发电日程、交换或联络线互换日程、单元维护日程和单元停电情形等协同合作，以确定最优的整体发电实施方案。并且，基于所有这些日程，EMS 中的自动发电量控制(AGC)部分实际上控制着发电的遣送。系统操作、区域控制差错(ACE)和频率随即根据这个日程被监控，以确保系统的可靠性和合规性。

9.3.8 经济分配

经济分配软件调集可用的发电资源，以达到优化区域经济的目的。它将每台独立发电机消耗的发电机增量负载也考虑在内，并且考虑传输线损耗和稳定约束的因素。

9.3.9 无功功率日程

EMS有能力规划(通常提前24小时)可控的重新启动的资源，以优化基于经济、可靠性和安全考虑在内的电力系统。

9.3.10 动态保留分析

EMS系统会周期性地计算系统的保留要求。例如，每隔10分钟或30分钟对旋转转子做出预测，以便更紧密地观察发电要求和资源。程序还会将环境考虑在内(如线路上的最大单元和做出改变的时间帧要求)，做出报告并在必要时刻警示操作人员和工程师。

9.3.11 负载分析和预测

EMS软件有能力提供负载分析报告。例如，EMS可以给出在日常运行基础上的下个2～4小时预测，或者在每小时运行基础上给出下一个5～7天的预测。这些预测会将天气信息、历史趋势、一天之内的时间和所有其他可能影响系统负载的变量考虑在内。

9

9.3.12 需求方管理

正如之前第6章的讨论，需求方管理(DMS)是用来在一些峰值条件下减小负载的。用来阻隔可中断负载的控制信号通常来自于EMS系统。EMS系统中的DSM程序决定何时初始化使得负载减小的预测信号。所要求的信号广播的条件被编程在EMS的决定逻辑之内。

9.3.13 能源计算

由于所有的销售、采购、仪表读数和账单的记录都是以EMS的数据库为中心，能源计算报告即是为管理和监管当局而产生的。

9.3.14 操作培训模拟

EMS有在任何时刻的实际操作中提供操作员培训控制台的功能。这个培训模拟器应用实时基础上的真实系统，给电力系统操作人员提供真实的经验。但此时培训人员是无法真实控制实际系统的，因为当前该模拟软件会计算出系统如何反应，并将此呈现给被培训者。

9.4 通信

在一个大型的互联电力系统中，通信系统在系统可靠性操作方面有着重要的作用。先进的高速数据网络用在 SCADA、系统防护、远程测量、交互数据和声音通信中。如图 9-3 所示的现代设备用来为客户呼叫中心、服务中心调度操作、合作声音线路、系统控制中心私有线路、直接跨部门通信电路、模拟调制解调器通道和其他服务机构提供通信服务。视频网络用来监控、举行视频会议和提高培训程序。这些电子通信网络通常由电子公司设计、搭建和维护。

图 9-3　通信设备

这些数据、声音和视频网络通常由六种不同的通信系统类型组成，如下所示：

(1)光纤；

(2)微波；

(3)电力线载波；

(4)无线电；

(5)租用电话电路；

(6)卫星。

下面来讨论这些通信系统的基础知识。

9.4.1 光纤

光纤通信系统广泛地搭建在全世界的电力系统上,它们用来提供主机服务。大部分应用是电力操作,并有相当部分的光纤用来当做客户产品和服务。此外,光纤还被租用给第三方,作为电力公司的另一种收益来源。

通常来讲,根据需求和线缆的种类,一根光纤电缆可以有少则 12 根光纤或多则 400 根光纤接头。如图 9-4 所示空中光纤静态线路(即光纤接地线路,OPGW)绕线,它的一端连接于变电站,另一端用绝缘的、全介质的光纤电缆与控制中心相连。图 9-5 所示为一个小型的 OPGW。注意:闪电不会损坏光纤,因为他们是由绝缘的非导体玻璃组成。在这个 OPGW 线缆中包含两组 12 接口的光纤电缆。

图 9-4 变电站的光纤电缆

一个光纤接口是由非常小的玻璃核(直径约为 8 毫米),包裹核的一个玻璃镀层(直径约为 125 毫米)和一个有着颜色编码并包裹着玻璃镀层的亚克力外壳(直径约为 250 毫米)组成。这层亚克力外壳增加了标识和保护功能。

光脉冲从光纤接口的一端传送进来,从光纤接口的另一端传送出去。光脉冲

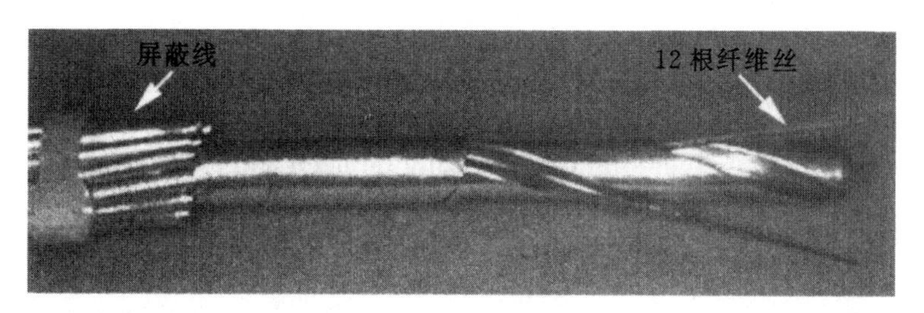

图 9-5　OPGW

按照光的反射原理在玻璃核和镀层之间的表面反射。光的反射原理使得我们可以在一个平静的湖面上看到高山的倒影。当光脉冲从光纤接口出来时,比该光脉冲进入该光纤电缆时要宽一些。光纤越长,输出脉冲就越宽。关于光脉冲进入光纤的频率,有一个实用的准则限制,使得输出脉冲之间不发生重叠,以用来禁止准确度开/关的检测。典型的光纤距离可以达到 100 km 长度而无反射。图 9-6 所示为光脉冲如何进入一根光纤,又如何从光纤接头发出。光脉冲必须在小孔径角度内进入玻璃核,以确保光脉冲能够发生反射。在光纤内太过尖锐的弯角将不能使光脉冲发生反射。

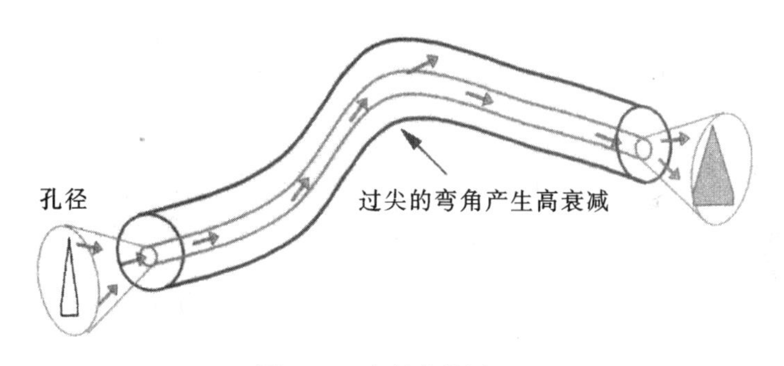

图 9-6　光纤光学原理

电子开/关的数字通信信号使用一个快速响应激光器将其转换为光脉冲的开/关信号。这个激光器指向光纤电缆的玻璃核。在接收端,使用一个高灵敏度的快速响应的图像检测器,将光脉冲信号重新转换为电脉冲信号以对设备进行通信。

光纤电缆很容易弯折在已存在的静态电线周围,许多已有的传输线路应用光纤包裹技术,主要在如图 9-7 所示的屏蔽电线之上。

一个在变电站控制大楼里的典型的光纤电缆终端机盒如图 9-8 所示。每个接口端都有一个光纤连接器。每个光纤接口端之间使用厚的防护套来加以防护。

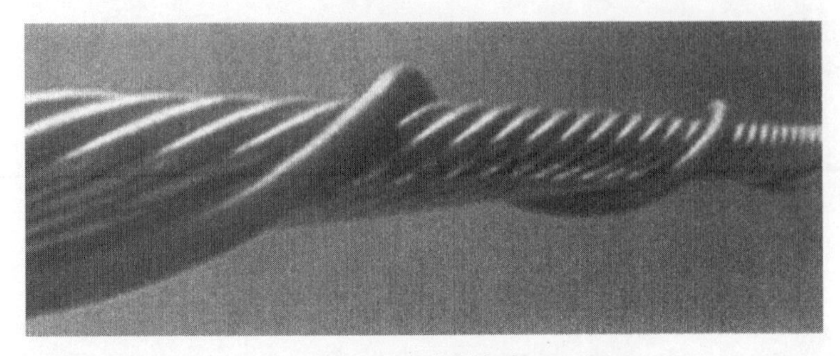

图 9-7 光纤包裹

图 9-8 光纤终端

9.4.2 微波无线电通信

如图 9-9 所示，微波(MW)无线电通信系统使用特殊的抛物面反射天线(又称碟形天线)，将从天线馈源喇叭处产生的无线能量反射成一组波束，并将其发送至微波接收器端。这些微小无线电波的超高频(SHF)线路以接近光速的速度在空气中传播。在无线电路径另一端的接收端天线将无线电能量反射为另一个馈源，在这里波导管将无线电能量传递给通信接收机。微波能量的属性可以使用长方形的波导管将 SHF 无线电能量在无线电设备和天线之间传播。这些端到端的微波通信系统可以长距离扩展至 100 km，并可与模拟、数字信号和声音、视频信号通信。

图 9－9　微波通信系统

图 9－10 画出了 SHF 无线电信号如何在反射端天线反射，并通过波导管将信号发送给无线电设备。微波无线电信号在每一端都有接收和发射。系统在两种不同的频率下工作，这使得双向通信成为可能。

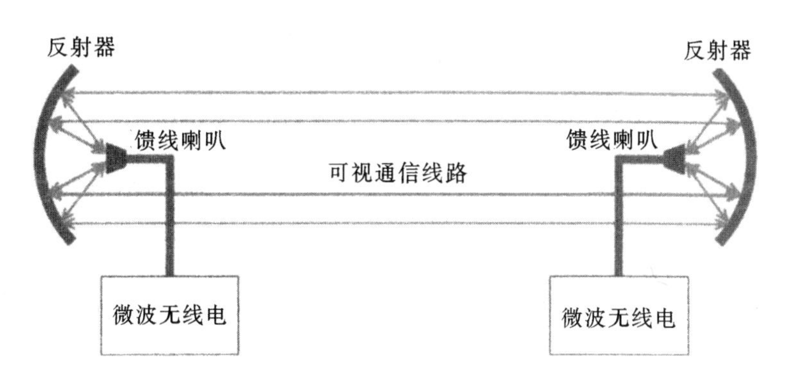

图 9－10　微波系统

9.4.3 电力线载波

电力线载波(PLC)系统将一个高频无线电系统叠加在已有的低频电力线路上,这些系统都是端到端(如变电站到变电站)的。它们相比于光纤或微波系统,提供低速率的数据率。如图 9-11 所示的 PLC 系统已经应用了数十年,如今一些系统仍在使用中。

图 9-11 电力线载波

参考图 9-12,操作时在理论上会将如下的事实考虑进去,即高频的无线电波信号很容易穿过未被隔离的电容,但经过电感或线圈时会有很严重的衰减;而低频率的信号却恰恰相反——它们很容易穿过未被电容隔离的电感。图 9-12 所示为一个变电站内设备在电力线路上所处的位置。

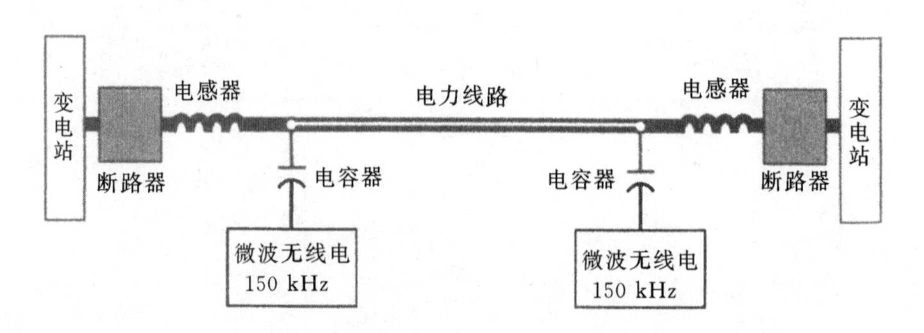

图 9-12 PLC 系统

电感有时会被称为“线路阻波器”或“消波设备”，电容会被称为“耦合电容”。注意无线电通信发生在线圈和断路器之间。所以，由引导断路器造成的线路故障将不会扰乱通信系统(除非该条线路出现截断状态)。

对于老的PLC技术有一些缺点，例如变压器会严重地衰减PLC信号，雨雪天气会造成高噪声电平，高噪声会导致数据出错。

9.4.4 无线电通信

因为很多原因，端到端(P-P)和端到多端(P-MP)的无线电通信系统会用在电力设施中。当考虑光纤通信和微波无线电通信成本太高时，端到多端(P-MP)系统通常会用在为系统控制中心和SCADA远程终端单元之间提供SCADA数据通信服务。P-MP无线电系统也被用做基站系统与各个机组人员进行通信。部分P-P无线电系统被用做语音通信，但很快就被手机技术系统所替代。

9.4.5 铜线通信

电力厂商在变电站之间使用双绞铜线通信系统来防护继电器。

在铜线通信系统中主要涉及两个主场景：厂商拥有铜线电缆或由诸如本地电信公司的第三方租用铜线电路。当有低优先级应用时，如语音、远程读表或间断性负载控制这类应用会使用租用电路。而像SCADA或系统防护这类高可靠性数据电路则通常不使用租用电路。电力厂商会优先选择私有化的室内铜线电缆电路来做关键数据的通信，以确保他们对维护和可靠性问题享有全部的控制权。

9.4.6 卫星通信

卫星通信在电子电力系统中适用于可以允许2秒延迟时间的应用当中。例如，计量表读数和远程信息监控系统可以用卫星通信很好地完成。高速的防护继电器应用不能良好运行于卫星通信领域，因为固有的时延是无法被接受的。所以，卫星语音通信因其降低了服务质量也已经暂停。

大多数的电子控制中心电信系统主要包括以上讨论的不同内容。

第 10 章

人身保护(安全)

学习目标

√ 讨论电力系统安全环境下的人身保护。
√ 解释人体对电的脆弱性。
√ 解释如何安全“隔离”。
√ 解释为什么人在等电位区内是安全的。
√ 讨论地电位升高。
√ 分析了解接触电压和跨步电压的重要性。
√ 讨论在通电或断电接地时,如何安全地进行线路维护。
√ 了解什么是开关。
√ 列举家庭中的安全隐患。

10.1 电气安全

用电不安全主要在于电的不可见性。为防范用电危险,人们需要预测用电危险,将用电危险可视化,针对意外事件做出应对计划,并遵循安全规则。即便是电气安全经验丰富的人,也必须对意外保持警惕并有所准备。保证工作环境的电气安全有许多方式和设备。本章将探讨常见的方法和安全设备及其原理。了解电气安全的基础原理非常重要,可以帮助人们有效地识别和避免可能的触电危险。

10.2 个人防护

个人防护是指适当着装,使用绝缘橡胶制品或使用避免触电的其他安全隔离工具。另外,也可以利用等电位原理,即等电位电流不流动,人接触到的所有物体都处于相同电位时则不会触电。采用绝缘防护装备和在等电位区域工作是目前已知的两种可靠的保证电气安全的方式。

10.2.1　人类面对电流的脆弱性

在更详细地讨论个人防护之前,需要了解人类对于电流的脆弱性。流过人体的电流水平决定了事态的严重性,这里我们需要强调,对人体造成危害的是电流,而不是电压。人类可以直接碰触电压,只是感觉到振动,但是电流流经人体会造成危险。

20 世纪 50 年代的一项测试表明,约为 1～2 mA(0.001～0.002 A)的电流可认为是人体承受电流的阈值。16 mA(0.016 A)的电流通过人体可导致肌肉失控,23 mA(0.023 A)引起呼吸困难,50 mA 会造成严重灼伤。相比于普通家庭的用电负荷,这些电流的水平是非常低的。家用 60 W 灯泡在全亮时需使用 500 mA 电流和 120 V 额定电压。

住宅接地故障断路器与浴室内使用的断路器相似,在差分电流达到 5 mA(0.005 A)时断开电路。住宅接地故障断路器开启断路器后,危险电流将安全地通过人体。这是因为即便是较小的电流,也会对人类造成影响。

10.2.2　隔离安全原则

使用适当的橡胶隔离产品可以使人避免电气危险。这些隔离产品包括手套、鞋子、毛毯和垫子。适当的橡胶制品可以使人免受接触电压和跨步电压的伤害。(本章后面讲详细讨论接触电压和跨步电压。)电力公司会经常测试他们使用的橡胶产品,以确保提供安全的工作条件。

橡胶手套带电维护通常只针对配电电压等级。图 10－1 为棉内衬绝缘橡胶手

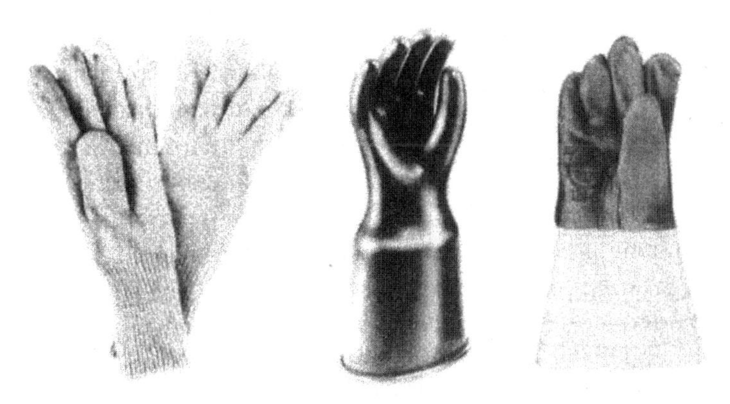

图 10－1　橡胶手套(由 Alliant Energy 提供)

套和维护带电线路时使用的皮革保护手套。

图 10－2 为高压绝缘靴，图 10－3 是高压绝缘毯和高压绝缘垫。每种电气设备都配有广泛详细的安全程序，说明如何正确使用橡胶制品及其他安全相关的工具和设备。严格遵守安全规则和设备的测试程序可以保证工人安全。此外，电力公司花费大量时间培训工人安全工作，特别是涉及到带电线路的工作。

图 10－2　绝缘靴

图 10－3　橡胶毯和橡胶垫

10.2.3　等电位安全原则

变电站有大量与接地棒相连的裸铜导体，埋在地表下约 18～26 英寸处。金属防护层、主要设备箱、结构钢以及其他金属物体，都需要通过电地参考与地下的铜导体相连。这个精心设计、相互连接的导电金属系统形成了站接地网。

精心设计的接地网可以提供安全的工作环境，又称等电位接地。通常情况下，铜导体埋在围墙周长（大约 3 英尺的围墙）之外，以延长接地网增加安全性。在变电站的土壤表层中放置 2～4 英寸的清洁砾石作为附加隔离，隔绝故障时存在于土壤中的电流和电压分布。图 10－4 为接地网概念示意图。

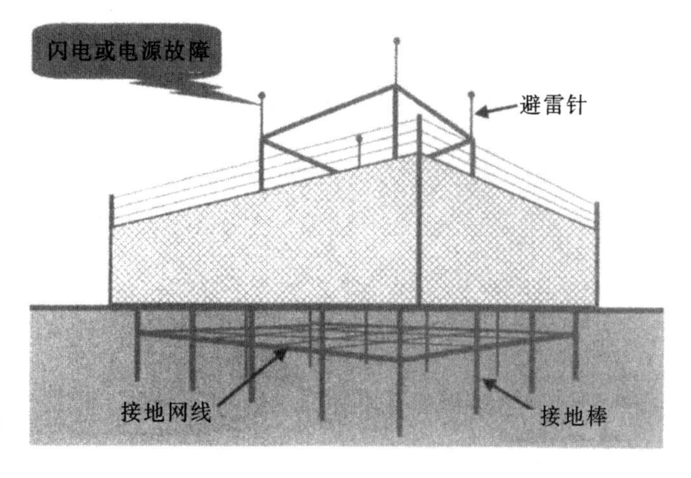

图 10-4　变电站接地网

配备有效接地系统主要有两个原因:一是系统保护,有效的接地系统可以提供坚实的接地路径,使故障电流回流,触发断路器;二是人身保护,有效的接地系统可以提供安全的工作环境。有效的接地网可以加速高故障电流触发断路器。等电位区域可以最小化雷击或电力故障的危险。理论上,人在等电位区域接触的物体的电压相同,因此电流将不会流动。例如,飞机飞行在地球上空 20000 英尺,飞机内部与在地面时无异。合理设计的变电站内部与此原理相同。

10.2.4　地电位升高

电力系统发生故障时,地电位将上升,导致高压电流流入土壤,在地表产生电压曲线。电压分布将以故障地点为圆心,呈指数由内向外衰减,如图 10-5 和图 10-6。地电位上升可能会导致危险的接触电压和跨步电压。

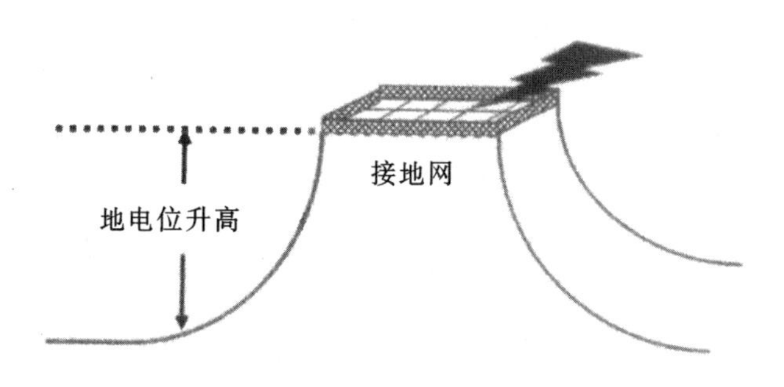

图 10-5　变电站接地电位上升

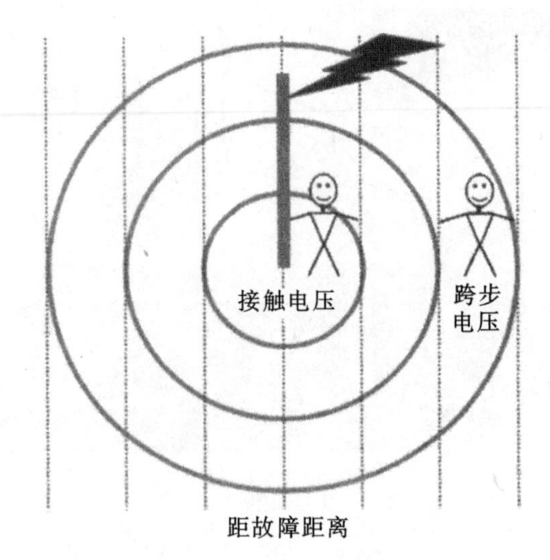

图 10-6 接触电压和跨步电压位置结构

10.2.5 接触电压和跨步电压

变电所受到雷击或发生电源故障时,整个变电站势能升高。由于等电位接地,人站在接地网上将不会受到接触电压或跨步电压的威胁。接触电压是指人或动物接触到其他物体时,本身的电压幅值与双脚的电压幅值之差,或两个电位(如两只手)间的电压差。跨步电压是指人或动物双脚之间的电压差。鞋、手套等衣物可以帮助隔离接触电压和跨步电压。正确使用经过批准测试的橡胶产品可以隔绝具有潜在危险的接触电压和跨步电压。

10.2.6 输电线路工作安全

在通电和断电条件下,建设及维护人员会在输电线路上工作。这两种工作条件下,都需要强制执行专业的安全防范措施。预防措施的设置基于完全隔离或等电位区的基本原则。此外,还需要做好准备,防备断电线路会在无通知的情况下通电。下面介绍在输电线路安全工作的不同方式。

10.2.6.1 带电设备

确保带电线路安全工作的方法主要有以下几种:绝缘斗卡车、使用带电操作杆、裸手、带电线路维护。

(1)绝缘斗卡车。使用绝缘斗卡车是一种在通电或断电线路上工作的方式。在卡车外作业时,根据系统电压的不同,需要使用橡胶手套、纤维玻璃带电操作杆或使用带电线路、裸手等方式。图 10－7 为绝缘卡车。

图 10－7　绝缘卡车

图 10－8　传输电线带电维护

(2)带电操作杆维护带电线路。使用带电操作杆可以保证带电线路上的安全操作。图 10－8 为工作人员使用纤维玻璃带电操作杆进行维护作业。

(3)裸手维护带电线路。工作人员穿着导电服,不接触接地物体,即可安全触碰带电传输线路,如图 10－9 所示,就像鸟可以安全站在电线上。导电服可以形成

图 10－9　裸手维护带电线路

等电位区，消除服装和人体内部的电流。人体接触的所有物体具有相同的电位，不会产生流过身体的电流，因此工作人员不会遭受电击。

10.2.6.2 断电和接地设备

断电时，工作人员使用接地跨接线，避免线路意外通电。接地设备有以下两种作用：

(1)接地可以创建一个类似变电站的等电位安全区，防止产生接触电压；

(2)接地有助于在线路意外通电时加快触发断路器。

图 10-10 为将在电源线或变电站使用的机架上的跨接线。

图 10-10　接地跨接线

10.2.7 工作配电线路安全

与输电线路类似，配电线路工作人员也在通电或断电时工作。同样，这两种工作条件下，都需要强制执行专业的安全防范措施。配电线路工作人员在通常低于 34 kV 的带电线路上工作时，需要使用橡胶隔离设备，如橡胶手套或带电操作杆。图 10-11 为配电系统的带电维护。与上文提到的相同，断电时的工作也要使用接地跨接线。

10.2.8 开关

开关是指保证安全工作提供隔离，改变电气系统结构的方式。开关需要连接或关闭断路开关和断路器以保证维护、应急恢复、负载转移和设备隔离。图 10-12 为通电变电站的开关操作。开关需要全体人员和对相关设备的谨慎操作，需要随时可用无线电、电话或视频进行通信，从而确保安全。为防止通信干扰正常工作，还需要

图 10－11　配电系统的带电维护

对无线电和设备进行详细标记。开关指令通信的重复性导致开关操作非常费时。

图 10－12　带电维护变电站

10.2.9　家庭电气安全

家居安全也包括学习如何防范接触电压和跨步电压。无论在变电站还是在家，接触电压和跨步电压的危险性是相同的，需要采取同样的预防措施。即便在家中，只要带电导线的绝缘层破损，就会产生接触电压和跨步电压。例如，破损的延长线会引起 120 V 交流电的接触电压。需要替换所有的破损电线。水、潮湿、金属物品和故障设备都会增加意外触电的可能性。图 10－13 为家庭中可能产生的安全用电隐患。

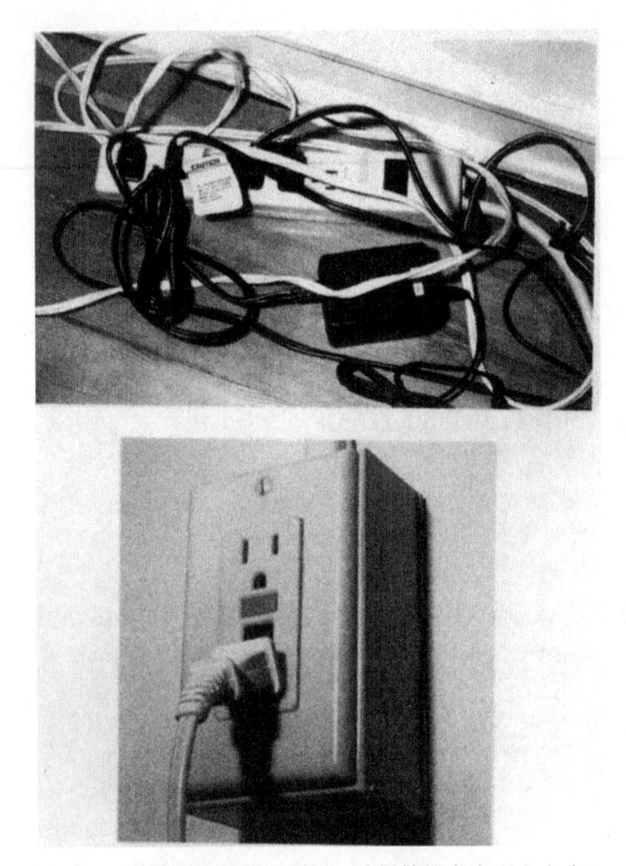

图 10 - 13　家庭用电安全隐患(时刻警惕家庭用电安全!)

附录

附录 A　均方根值的推导

为了计算交流电路和直流电路中等量的电压和电流，需要找到每个半周期交流正弦波形的热效应并将其累加。由于一个完整的正弦波的平均值是零，其正弦波的正半周期的平均值需要与该正弦波的负半周期的平均值相加。寻找一个正弦波形的有效值的方法是均方根值，或称为 rms。图 A－1 所示为电压和电流的均方根值。

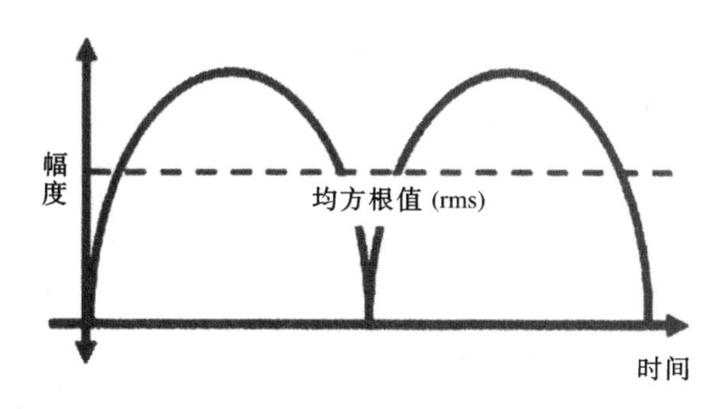

图 A－1　均方根值

住宅电压

将两个均方根值相乘可以得到我们熟知的峰值。以住宅电压为例，其峰值是 165 V 交流电。将 2 个峰值相乘得到的值，术语上称为峰峰值，这个值也是我们从示波器上看到的正弦波形的总的测量值。示波器是一个可视的电压测量设备。

住宅电压(交流电)如下列值所示：

$V_{\text{rms}} = 120\ \text{V}$

$V_{\text{peak}} = 165\ \text{V}$

$V_{\text{peak-peak}} = 330\ \text{V}$

附录 B　功率因数的图形分析

有时通过图示能更容易地理解关系。通常,电阻在正常工作时,损耗的电能转化为热能。电阻负载的功率用瓦特表示。电容和电感负载的功率用 VARs 表示。VAR 作为无功功率,是一个无瓦特的功率值,并不会实际做功。但在电机、变压器和大部分线圈等作为电感负载的应用中,VARs 是产生磁场的必要条件。例如电机,作为一个感性负载,供给给它的总功率为瓦特+ VARs。在交流电力系统中存在的一个有趣的现象是,电感的 VARs 与电容的 VARs 相反,如果它们的值一致将会互相抵消。

关于电阻、电感和电容的实功率和无功功率关系的图形化表示方式如图 B-1 所示。注意电感和电容的 VARs 值是如何相反、互相抵消的;电阻的瓦特值则相对独立。

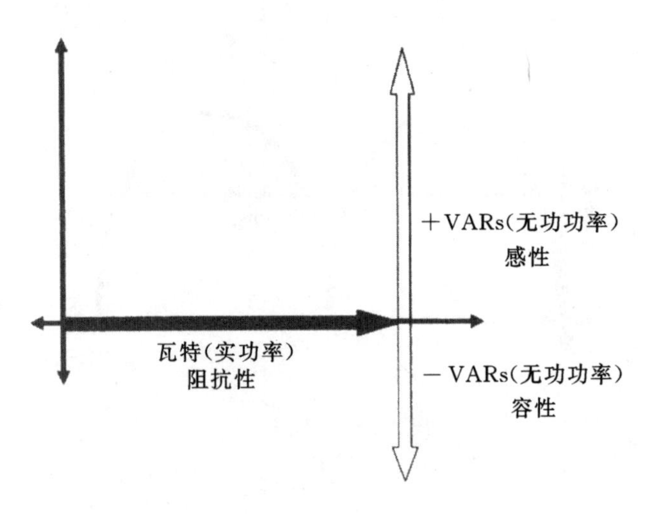

图 B-1　电气功率关系

图 B-2 所示为容性 VARs 与感性 VARs 抵消的三角关系。抵消的结果用净 VARs 表示。在这个例子中,净 VARs 依然为正值(使得电流保持在电感中)。不是所有的感性 VARs 都会被容性 VARs 抵消。

VA 斜边代表总功率,有时也表示为视在功率。总功率或视在功率由电压的

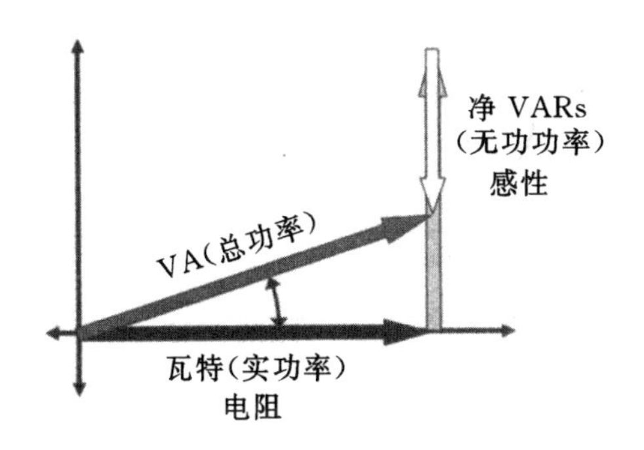

图 B-2　功率三角

峰值与电流的峰值相乘得来。请注意，VA（瓦特）的实部是峰值电压与该峰值电压处的电流相乘得到的。

图中所示的功率因数角度与之前图 6-2 所示的角度相同。

术语表

A

Arc fault interrupter	故障电弧断续器
Area control error	区域控制误差
Automatic generation control	自动发电控制

B

Baghouse	袋式除尘器
Balancing authority	权力平衡
Base load	基本负荷
Battery	电池
Black start	黑启动
Blackout	停电
Boiler feed pump	锅炉给水泵
Brownout	断电、限电
Bundling	绑定
Bushing	套管

C

Capacitive	电容
Capacitor	电容器
bank	组
dielectric	电介质
Cascading failure	连锁故障

Circuit breaker	断路器
air	空气
air-blast	鼓风
gas	汽油
interrupter	断续器
oil	石油
power	能量
sulfur hexafluoride gas	六氟化硫气体
vacuum	真空
Combined cycle power plant	联合循环电厂
Combustion turbine	燃气轮机
Condenser	冷凝器
Conductor	导体
ACRS	反应堆安全防卫咨询委员会(Advisory Committee on Reactor Safeguards)
American Wire Gauge	美国线规
Circular mils	圆密耳
solid	实心的
stranded	有线圈的
Control building	调度室
Control center	调度中心
Cooling tower	冷却塔
Current	电流
alternating	交替
amperes	安培
direct	直
electron flow	电子流
hole flow	孔流量

D

dc transmission	直流传输
Delta	三角形

Demand side management	用电需求管理
Dielectric	介质、绝缘体
Disconnect switch	隔离开关
arcing rod	电弧接地杆
horizontal break	水平断路
horn	电喇叭
vertical break	垂直断路
whip	振动簧片
Distribution	配电
dip pole	磁极
dry-pack transformer	干燥混合料变压器
duplex	双工
feeders	馈线
fused cutout	熔丝保险器
fuses	保险丝
industrial consumers	工业消费者
multigrounded neutral	多接地中性点
padmount transformer	组合式变压器
primary	主
primary neutral	主要中性点
quadraplex	四芯
radially fed	被辐射的
riser pole	立杆
secondary	二级
single-bushing transformer	单筒变压器
three-phase service	三相服务
three-phase transformer bank	三相变压器组
transformer configuration	变压器配置
triplex	三层
Distribution line	配电线路
Dry stream	干蒸汽

E

Earth wire	接地线
Economic dispatch	经济调度
Edison, Thomas	托马斯·爱迪生
Efficiency	效率
Electrical bus	电子总线
Electrical circuit	电路
Electrical load	电力负荷
Electrical noise	电噪音
Electromagnet	电磁铁
Electromotive force	电动势
Emergency power	应急电源
EMS	能源管理系统
Energy	能量
import or export	进出口
watt-hour	瓦时
Energy management system(EMS)	能源管理系统
Equipotential	等位

F

Farad	法拉
Faraday's Law	法拉第定律
Fault current	故障电流
Federal Energy Regulatory Commission(FERC)	联邦能源监管委员会
Fiber optics	光纤
Flat frequency control	恒定频率控制
Flat tie line control	恒定联络线交换功率控制
Frequency	频率

G

Generation	发电
base load unit	基本负荷机组

incremental cost	增量成本
load following unit	跟踪负载单元
load peaking unit	峰值负载单元
operating spinning reserve	操作热储备
prime mover	原动机
spinning reserve	热备用
supplemental reserve	补充储备
three-phase ac generator	三相交流发电机
three-phase generator	三相发电机
Generator	发电机
delta	三角形
exciter	励磁机
first stage	第一阶段
rotor	转子
slip ring	滑环
stator	定子
three-phase	三相
three-phase ac	三相直流
wye	星形
Geothermal power	地热能
Geothermal power plants	地热发电厂
Governor	州长
Ground fault circuit interrupter	接地故障断路器
Ground grid	地面网格
Ground potential rise	地面电位上升
Grounded	接地

H

Heat exchanger	热交换器
Heat recovery steam generator	热回收蒸汽发生器
Hemp	大麻
Hertz	赫兹
Hydro power plant	水力发电厂

I

Inadvertent power flow	意外功率流
Independent electricity system operator(IESO)	独立电力系统运营商
Independent power producer	独立的电力企业
Independent system operator(ISO)	独立系统运营商
Inductance	电感
units (henrys)	单位(亨利)
Inductive load	电感负载
Inertia	惯性
Insulation	绝缘
V-string	V 形
Inverter	逆变器
Islanding	孤岛效应

K

Kinetic energy	动能

L

Lagging	滞后
Leading	领先
Leyden jar	莱顿瓶
Lightbulb	灯泡
Lightning	闪电
Lightning arrester	避雷器
distribution class	分布类型
intermediate class	中间阶级
metal oxide	金属氧化物
secondary class	辅助级
station class	站类型
Line charging	线充电
Load	负载
Load following	负载跟踪

Load shed	甩负荷
Load tap changer	负载抽头转换开关
Load tap changing transformer	负载抽头切换变压器
Load-break elbow	负载断路肘
Lock-out	封锁工厂

M

Magnetic field	磁场
right-hand rule	右手定则
Magnetic pole	磁极
Maintenance	维护
condition-based	视情况而定
dissolved gas analysis	溶解气体分析
infrared scanning	红外扫描
predictive	预测
Mechanical energy	机械能
Metering	计量
demand	需求
electric	电的
energy	能量
power factor	功率因数
primary	主
reactive	电抗的
time of use	分时
Microwave	微波
feedhorn	喇叭天线
line of sight radio wave	视距电波
Microwave radio	微波无线电
Motor	电机
Motor load	电机负载
Motoring	电机运行
Multigrounded neutral	多接地中性点

N

Nameplate	铭牌
National Electric Code	国家电气代码
National Electrical Safety Code	国家电气安全代码
Neutral	零线
Normal operations	正常操作
North American Electric Reliability Corporation (NERC)	北美电力可靠性公司
Nuclear power	核能
boiling water reactor	沸水反应堆
boron	硼
containment shell	密封外壳
control rod	控制杆
fission	裂变
fuel assembly	燃料组件
fuel tube	燃料管
fusion	融合
light water reactor	轻水反应堆
nuclear reaction	核反应
Nuclear Regulatory Commission	核管理委员会
pressurized water reactor	压水反应堆
radiation	辐射
reactor core	反应堆堆芯
SCRAM	急停

O

OASIS(Open access same-time information system)	开放存取即时信息系统
Ohm	欧姆
One-line diagram	单线图
Open access	开放获取
Optical ground wire(OPGW)	光学地线

Oscilloscope 示波器

P

Penstock 消防栓
Performance-based rate 基于绩效的速度
Period 期
Permanent magnet 永久磁铁
Personal protection 个人防护
Phase angle 相角
Power 能量
  negative VAR 负 VAR
  positive VAR 正 VAR
  reactive 无功
  real 真
  total 总
  volts-amps-reactive (VAR) 伏安培活性
Power factor 功率因数
Power flow 功率流
Power grid 电网
Power line carrier 电力线载波
  coupling capacitor 耦合电容器
  line trap 线路陷波器
Power loss 功率损耗
  flicker 闪烁
  soft starting 软启动
  voltage dips 电压骤降
Power system stabilizer 电力系统稳定器
Primary underground 地下重要部分
Protection 保护
  line-to-ground fault 线路接地故障
  single-phase 单相
Protective relay 保护继电器
  back up clearing 备份清理

differential	差分
electromechanical	机电
fast trip	快速反应
generation protection	发电保护
instantaneous	瞬时
inverse Current-Time	逆电流保护时间
lock-out	闭锁
minimum pickup setting	最低传感器设置
motoring condition	电动状态
overcurrent	过载电流
overvoltage relay	过压继电器
permissive relay	许可继电器
remedial action	补救行动
solid state	固态
synchroscope	同步示波器
system protection coordination	系统保护协调能力
time delayed	时间延迟
transfer trip	转接释放
underfrequency	频率过低
undervoltage	欠压
zone relay	区继电器
Public Service Commission	公共服务委员会
Pumped storage hydro power	抽水蓄能水电

R

Reactor	反应堆
series rea	串联电抗器
shunt rea	并联电抗器
Real time	实时
Recloser	自动开关、自动继电器
Regional reliability council	区域可靠性委员会
Regional Transmission Operator(RTO)	地区传播算子
Regulator	监管机构

bandwidth	带宽
base voltage	基准电压
compensation	补偿
line reg	线调整率
manual/auto switch	手动/自动切换
reactor coil	电抗器线圈
time delay	时间延迟
Remote terminal unit	远程终端单元
Residential	住宅
Resistance	电阻
Resistive	电阻
Root menu squared	均方根

S

Safety	安全
equipotential grounding	等电位接地
ground grid	接地网
ground potential rise	地面电位上升
home	家庭
hot sticks	带电操作杆
insulated blankets and mats	绝缘毯、绝缘垫
personal protection	个人防护
rubber gloves	橡胶手套
step potential	跨步电压
touch potential	接触电压
zone of equipotential	等位区
Satellite communication	卫星通信
Scale factor	比例因子
Scrubber	洗涤器
Second stage	第二阶段
Security	安全
Sequence-of-events recorder	事件顺序记录器
Service panel	维修面板

main breaker	主断路器
ufur ground	设备安装需要接地
Shield wire	屏蔽线
Sine wave	正弦波
Single-line diagram	单线图
Skirts	裙座
Solar power	太阳能发电
photovoltaic	光伏
plants	场站
Source-grounded wye	接地信号源星形
Spinning reserve	热储备
Splices	拼接
Stability	稳定性
State estimator	状态估计器
Static VAR compensator	静态无功补偿器
Static wire	静态线
Steam	蒸汽
Steam turbine	蒸汽涡轮
coal fired	燃煤
Steam turbine generator	蒸汽涡轮发电机
Stray current	杂散电流
Substation	变电站
Sulfur hexafluoride(SF_6)gas	六氟化硫(SF_6)气体
Superheated steam	过热蒸汽
Supervisory Control and Data Acquisition (SCADA) system	监控和数据采集系统
Switching	切换
Switching order	交换顺序
System protection	系统保护
System voltage	系统电压

T

Tagging procedure	标签程序

Telecommunications 电信
Telegraph 电极
Telephone 电话
Three-line diagram 三线图
Tie line bias 线偏差
Time error 时间误差
Transformer 变压器
  autotransformer 自耦变压器
  current transformer(CT) 电流互感器
  distribution transformer 配电变压器
  instrument transformer 仪表变压器
  iron core 铁芯
  phase shifting transformer 移相变压器
  potential transformer(PT) 电压互感器
  regulating transformer 调节变压器
  step-down transformer 降压变压器
  step-up transformer 升压变压器
  taps 触点
  turns ratio 匝比
Transmission 传输
  bundled conductor 分裂导线
  line 电线
  reserves 储备

U

Unbalanced current 不平衡电流
Underground cable 地下电缆
Underground transmission 地下传播
Uninterruptible power supply(UPS) 不间断电源
Uranium 铀

V

Vacuum bottle 真空瓶

Voltage	电压
alternating	交替
category	分类
class	等级
line	电线
line-to-line	线对线
line-to-neutral	线对零线
alternating	变化的
nominal	额定的
phase	相
phase to neutral	中性线
potential energy	势能
stability	稳定性
surges	浪涌

W

Watt,James	詹姆斯·瓦特
Westinghouse,George	乔治·威斯汀豪斯
Wind generator	风力发电机
Wye	Y 形